“三型两网”知识读本

寇　伟　主编

中国电力出版社
CHINA ELECTRIC POWER PRESS

图书在版编目（CIP）数据

“三型两网”知识读本 / 寇伟主编. —北京：中国电力出版社，2019.7（2019.9 重印）
ISBN 978-7-5198-3311-4

Ⅰ. ①三… Ⅱ. ①寇… Ⅲ. ①电网–电力工程–基本知识–中国 Ⅳ. ①TM727

中国版本图书馆 CIP 数据核字（2019）第 141736 号

出版发行：中国电力出版社
地　　址：北京市东城区北京站西街 19 号（邮政编码 100005）
网　　址：http://www.cepp.sgcc.com.cn
责任编辑：岳　璐（010-63412339）
责任校对：黄　蓓　郝军燕
装帧设计：张俊霞
责任印制：石　雷

印　　刷：北京博海升彩色印刷有限公司
版　　次：2019 年 7 月第一版
印　　次：2019 年 9 月北京第三次印刷
开　　本：710 毫米×1000 毫米　16 开本
印　　张：11.25
字　　数：160 千字
印　　数：47001—127000 册
定　　价：58.00 元

编 委 会

编 写 组

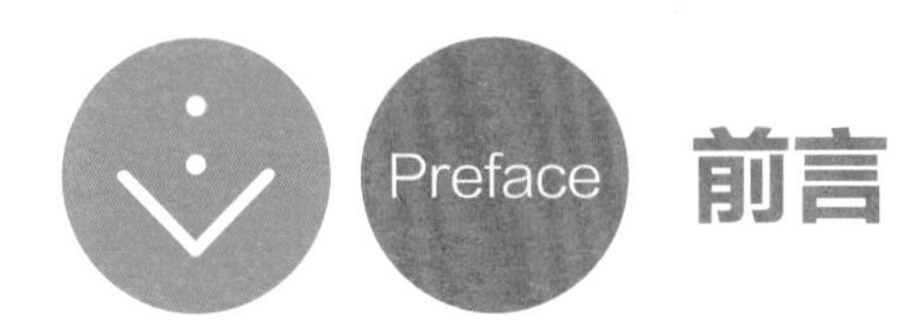

前言

党的十九大描绘了实现“两个一百年”奋斗目标的宏伟蓝图，明确提出要“深化国有企业改革，发展混合所有制经济，培育具有全球竞争力的世界一流企业”，国务院国资委将国家电网有限公司等10家央企列为创建世界一流示范企业。作为保障国家能源安全、参与全球市场竞争的“国家队”，作为党和人民信赖依靠的“大国重器”，国家电网有限公司牢记使命责任，深入贯彻习近平新时代中国特色社会主义思想及“四个革命、一个合作”能源安全新战略，顺应能源革命和数字革命融合发展趋势，提出了建设“三型两网”，打造具有全球竞争力的世界一流能源互联网企业的新时代战略目标。

建设“三型”企业，就是要立足国家电网有限公司的产业属性、网络属性、社会属性，充分发挥电网在连接电力供需、促进多能转换、构建现代能源体系中的枢纽作用，打造能源配置平台、综合服务平台和新业务新业态新模式发展平台，实现传统企业向现代企业的转型升级。建设“两网”，就是要推进坚强智能电网和泛在电力物联网融合发展，促进能源流、业务流、数据流“多流合一”，为优化配置能源资源、满足多元用能需要提供有力支撑，实现传统电网向能源互联网的转型跨越。通过“三型两网”建设，推动电网功能、业务、管理全面升级，实现客户参与度、满意度、获得感持续提升。

建设世界一流能源互联网企业是具有开创性、长期性、复杂性的系统工程，须沿着“一个引领、三个变革”的战略路径：强化党建引领，发挥独特优势；实施质量变革，实现高质量发展；实施效率变革，健全现代企业制度；实施动力变革，培育持久动能。“三型两网、世界一流”战略目标的实现，离不开国家电网有限公司发展理念、技术装备、核心能力的全面升级，离不开管控方式、经营模式、组织体系的全面变革，也离不开广大干部职工思想认识、能力素质、精神面貌的全面提升，这将是一个脱胎换骨、浴火重生的过程。为加强员工对企业发展战略的深入理解，深化各方面对建设“三型两网”的认识，我们编写了《“三型两网”知识读本》。

本书分析了互联网和工业互联网经济形态下电网企业发展面临的巨大挑战，剖析了国家电网有限公司在经济发展、能源发展、企业发展等方面所面临的内外部复杂形势，概括了“三型两网”的基本内涵、建设要求、建设目标、建设内容和实施路径，精选了“三型两网”典型试点建设案例，展望了新时代“三型两网、世界一流”战略实施对经济社会发展和生态文明建设发挥的促进和带动作用。

本书作为阐述“三型两网”概念、内涵和建设内容的首部普及性读物，希望能为广大员工学习贯彻“三型两网、世界一流”战略提供辅导和帮助，同时也为电网上下游产业链认识和理解“三型两网”提供参考。

“三型两网”建设是不断迭代发展的过程，相关认识和实践也在不断深化，书中难免存在不足之处，恳请广大读者批评指正。

编　者

2019 年 7 月

目录

第一章 

互联网和工业互联网

互联网推动社会进入网络经济时代，社会多要素共享已经成为新一轮科技竞争和产业革命的新业态、新模式。网络经济通过平台对接匹配供需双方打造双边市场，改变了很多传统产业经营模式。诸多行业依托互联网思维形成了新业态，这也给传统电力行业带来了挑战与机遇。

网络经济形态下，电网企业应当走出传统模式，集合产业生态，基于电网的枢纽与核心定位，承载连接多能源形成多生态，打造能源配置平台、综合服务平台和新业务、新业态、新模式发展平台，让电网最终形成物理形态、数字形态和产业生态的共享平台。

科技革命和产业变革带来的跨界融合已成为大趋势。为了顺应能源革命和数字革命的发展趋势，2019 年国家电网有限公司（简称国家电网公司）确立了“三型两网、世界一流”的战略目标，推动坚强智能电网与泛在电力物联网共同发展，加快构建能源互联网，着力挖掘大数据价值，以数字化管理提高能源综合利用效率，提升企业的安全水平、质量水平和效益水平，推动构建互利共赢的能源生态。

本章将介绍互联网、新技术的发展和工业互联网的相关内容，使读者了解国家电网公司提出“三型两网、世界一流”战略目标的时代背景。

第一节　互联网时代

互联网时代的到来和信息技术的迅猛发展，使人们的生产生活方式发生巨大、快速的变化。信息流无处不在，它灵活地游走于互联网上，让每个人在信息获取方面更加便利。在互联网时代，每个人都身处其中，既获得便利，也做出贡献。

一、数字经济

随着互联网时代的到来，数字经济给商业社会的发展带来更多变数与可能。数字经济是一个经济系统。在这个系统中，数字技术被广泛使用，信息和商务活动都高度数字化，并因此带来了整个经济环境和经济活动的根本变化。数字经济受到三大定律的影响。

（1）梅特卡夫法则，即网络的价值等于其节点数的平方。因此网络上联网的计算机越多，每台电脑的价值就越大，且“增值”以指数关系不断变大。同理，一款产品链接的上游供应商及下游用户越多，其价值也将以指数关系递增。

（2）摩尔定律，即计算机硅芯片的处理能力每18个月就翻一番，而价格以减半数下降。计算的成本越来越低、计算的效率越来越高，为大数据的高效分析创造可能。

（3）达维多定律，即任何企业在本产业中必须第一个淘汰自己的产品。企业如果要在市场上占据主导地位，就必须第一个开发出新一代产品，因为进入市场的第一代产品可以获得50%的市场份额。

受上述定律的影响，数字经济往往呈现出以下特点：

（1）便捷快速。互联网突破了地域、时间的限制，将整个世界紧密联系起来。无论你身处何方，只要有网络，人与人之间的信息传输、经济往来便可以在更大的地理范围、更小的时间跨度上进行。此外，由于摩尔定律的存在，信息处理速度不断提升、处理成本不断下降，数字经济的节奏也愈发紧凑、实时，甚至实现超前预测。

（2）马太效应。根据梅特卡夫法则，数字经济的价值等于网络节点数的平方，即网络产生的效益将随着用户节点的增加而呈指数型增长，且边际效益递增、边际成本递减，外部效应增多。用户人数越多，每个人从中获得的效益越高。由于人们的心理和行为惯性，在一定条件下，马太效应便会发生，即某一趋势一旦出现并达到一定程度，就会不断自我强化和加剧，呈现出“强者更强，弱者更弱”的垄断局面。

（3）扁平发展。随着网络的发展，经济结构更趋向扁平化，生产者与消费者可更为便利地直接互联，显著降低中间交易成本，为大规模定制化服务提供了可能，提高了多方的经济效益。

二、互联网思维

互联网思维一般是指：在大数据、云计算、物联网、移动互联网、人工智能、区块链（简称“大云物移智链”）等技术不断发展的背景下，对市场、用户、产品、企业价值链乃至整个商业生态进行重新审视的思考方式。对于“互联网思维”，不同的人也有不同的理解，总结起来，主要体现在以下几个方面。

1. 流量思维

流量意味着体量，体量意味着分量。因此在细分市场的初始竞争阶段，经常能看到几家规模较大的企业利用资本力量展开激烈的角逐，甚至让更多用户享受到免费服务，就是在抢占流量的先机。流量是打开新时代大门的钥匙，其价值不必多言。

2. 用户中心思维

以用户为中心、重视用户体验，是互联网思维的第二个重要特征，这与流量思维相辅相成，任何商业模式的根本都是用户。一方面，只有深刻洞察用户所想，满足用户深层次、多维度的需求，让用户满意，才能创造并保有流量，更好地吸引资本；另一方面，互联网的手段为人们表达个性、表现自我创造了更为便利的条件，在“以用户为中心”的互联网时代，消费者的话语权日益增大，这将影响企业各环节的决策，消费者甚至可以深度参与产品的创造。更强的参与感也让用户对于产品有更强的认同和依赖。

3. 平台思维

互联网的平台思维就是开放、共享、共赢的思维。互联网世界中，汽车租赁公司自身可以不拥有一辆出租车，酒店预订公司自身可以不拥有一间客房，房屋租赁公司自身可以不拥有一套出租房产、网络销售平台自身可以不向消费者出售任何产品，但是他们聚集了细分市场的买卖双方，搭建供需平台，让信息自由流动，深刻影响了各个行业业态。这就是平台的价值，也是传统企业在这场互联网转型攻坚战中的关键命题。

4. 大数据思维

大数据思维是指对大数据的认识，以及对大数据在企业运营和市场竞争中发挥作用的理解。大数据核心不在大，而在于数据价值的挖掘。信息技术的迅猛发展让数据的获取变得更加便捷，数据分析对于提升用户体验，甚至创造新的商业模式都有非常重要的价值。

5. 敏捷迭代

互联网时代，信息爆炸，用户的耐心降低。产品必须在短时间内吸引并留住用户。这就要求产品简约、定位清晰、追求极致、快速迭代。互联网时代的竞争，只有第一、没有第二，因此带给用户极致的体验。企业对用户需求快速响应，才能在竞争中赢得胜利。

6. 跨界思维

随着互联网和信息技术的发展，许多行业的界限变得模糊，你永远想不到真正的竞争对手在哪里。例如，公交车的竞争对手不再只是出租车，也包括共享单车。有信息交互的地方，就有互联网，其触角已深入各行各业，并且相互影响。只有跨出自身行业看到整个互联网的格局，才能提前布局，从容应对。

三、互联网商业模式

商业模式的核心三要素分别是顾客、价值和利润。具体来说，企业的商业模式需要回答三个问题：企业的顾客在哪里？企业能为顾客提供何种独特的产品和服务？企业如何以合理的价格为顾客提供这些产品和服务，并从中获得合理的利润？互联网时代，信息的快速传播使顾客的连接和价值的传递时间发生量变，因而商业模式也发生了质的变化。

首先，用户位于产业链的各个环节。用户并不一定等于客户，例如企业的用户是企业产品或服务的体验者，而企业的客户是最终为其买单的主体。企业要理清其用户在哪里，用户是否是其客户；若不是，客户为何买单。互联网时代以用户为中心，必须牢牢把握流量的入口，信息的交互会连接产业链各个环节的用户，因此其用户不再单一。

其次，价值的创造在于让人们的生活更为便捷。对于广告业务而言，利用大数据分析使得广告实现精准投放，提升了效率、创造了价值；由各大平台产生的大数据，可对平台用户的个人征信进行分析，更有效率地开展金融服务，降低了征信成本，创造了价值；各种打车软件让打车人和司机都节约了大量等待的时间，提升了效率，创造了价值；各大点评软件让人们足不出户就了解到附近餐厅的情况，并可以根据食客的点评进行决策，让优秀店家脱颖而出，激励店家用心经营，帮助消费者便捷找到中意的餐厅，无疑也创造了价值。利用信息获取便捷程度的量变，让人们的生活更为便捷美好，就是互联网时代价值创造的典型体现，也是相同的道理。

最后，盈利模式更为间接。互联网时代，顾客可能并不直接为其享受到的服务付钱。例如很多平台公司的收入并不来源于为其用户提供服务，而是来源于广告服务的收费。通过精准高效的广告投放，整体效率更高，成本更低。此外各大电商平台，利用资金短暂留存于平台的机会开展金融业务（进行投资或者开展金融服务等），获得可观盈利。

四、互联网行业发展趋势

近年来互联网技术的发展，特别是移动互联网的兴起，给人们的出行、购物、社交等带来了极大便利，也使不少企业成长壮大，为中国经济增添了发展活力。当前，互联网正在经历从消费互联网到产业互联网的转变，即从提供资讯、搜索、电商、购物、社交等服务，逐渐转变到与各行各业深度融合。

产业互联网是指传统产业通过借力互联网新技术和网络优势，提升内部效率和对外服务能力，是传统产业通过"互联网+"实现转型升级的重要路径之一。相对于蓬勃发展的消费互联网来说，产业互联网虽处于起步阶段，但已经有不少工业企业、互联网企业在探索与此相关的实践，做出了不少创新，比如互联网和工业结合领域，工业互联网已经让大规模生产定制产品成为可能。

互联网将全面渗透到产业价值链，并对其生产、交易、融资、流通等环节进行改造升级，形成极其丰富的全新场景，极大提高资源配置效率。产业互联网正在成为数字产业化和产业数字化的重要载体，将为实体经济高质量发展提供技术条件，对实体经济产生全方位、深层次、革命性的影响。

第二节　"大云物移智链"的发展

互联网生态的快速发展，促进了技术进步，出现了 "大云物移智链"等新技术。"大云物移智链"等新技术驱动了能源互联网建设，实现了全面感知、超级计算和智能应用。国家电网公司提出，将深化"大云物移智链"应用，开展新技术应用研究，有效支撑和促进坚强智能电网与泛在电力物联网的融合发展。

一、大数据

大数据（Big Data），也称海量数据、巨量数据，指以容量大、类型多、存取速度快、应用价值高为主要特征的数据集合，是需要新处理模式才能具有更强的决策力、洞察发现力和流程优化能力的海量、高增长率和多样化的信息资产。近年来，大数据已快速发展为对海量数据进行采集、存储和分析，并从中发现新知识、创造新价值、提升新能力的新一代信息技术和服务业态。

大数据正在改变着各行各业，电商的成功、互联网业的爆发式增长以及互联网金融的高速发展，向各大行业展现了互联网与行业融合的巨大发展潜力和独特的创新路径。而在这其中，大数据扮演着核心角色。互联网的本质是信息的互联和处理，而信息则以数据为载体。电力行业蕴含了巨大的数据资源，同时也呈现出突出的数据价值需求。据统计，国家电网公司各类终端采集数据的日增量已超过 60TB。来自复杂大电网的调度运行、新能源与负荷的时空变异、电力资产寿命与运行状态、主动配电网与需求响应等都存在着巨大的以数据为支撑的决策与配置需求。

电力大数据同样具有量大、分布广、类型多等特点，背后反映的是电网运行方式、电力生产方式及客户消费习惯等信息，在电网企业中具有巨大的应用价值。

电力大数据能够提升运营管理水平。借助大数据技术，对电网运行的实时数据和历史数据进行深层挖掘分析，可掌握电网的发展和运行规律，优化电网规划，实现对电网运行状态的全局掌控和对系统资源的优化控制，提高电网的经济性、安全性和可靠性。通过对实时数据和历史数据的分析，可加强对设备、资产的预防性维护管理，并将人和社会等因素纳入进去，优化管理操作流程。

电力大数据能够提高用户服务水平。大数据将各行业的用户、供电服务、发电商、设备厂商融入一个大环境中，促成了电网企业对用户的需求感知，依据大数据分析来进行运行调度、资源配置决策，并基于分析来匹配服务需求。

电力大数据能够提供政府决策支持。电力与经济发展、社会稳定和群众生活密切相关，电力需求变化能够真实、客观地反映国民经济的发展状况与态势。通过分析用户用电数据和新能源发电数据等信息，电网企业可为政府了解全社会各行业发展状况、产业结构布局、预测经济发展走势提供数据支撑，为相关部门在城市规划建设、推广新能源和电动汽车、促进智慧城市发展等方面提供辅助决策。

电力大数据能够支撑未来电网发展。未来电网具有长距离、广范围、智能化和泛在物联的特点，电网运行机制与商业模式将发生重构。未来电网中，电源具有多样性、遍布性、时移性，负荷具有移动性、互动性，这要求电网具有柔性和自适应能力，以适应源—荷两侧随机波动和运行方式多重复杂。在这种情况下，依靠传统的状态信号指令无法完成决策，需要复杂的负荷预测、分析及实时呈现，需要以大量的、多维的、高密度的数据来支撑预测、预警、机器决策和人工判断，这就是大数据对电网发展与未来电网目标实现路径的支撑。

二、云计算

云计算（Cloud Computing）是基于互联网的相关服务的增加、使用和交互模式，通常涉及通过互联网来提供动态易扩展且经常是虚拟化的资源。简单来说，云计算可以使“计算”分布到大量的分布式计算机上，由统一的服务器进行管控。这样，用户只需要通过电脑、笔记本、手机等方式接入数据中心，将庞大的运算任务交给服务器，便可以支配成百上千台计算机的运算能力，甚至体验到每秒 10 万亿次的运算效率。

凡是涉及大规模数据处理的企业，都可以借助云计算，提高自己的运算能力。近年来，随着国家电网公司业务范围的逐渐扩大，国家电网公司业务中所采集的数据也随之增多，各业务部门对于计算能力的需求也越来越大，这便需要更好地实现计算资源的优化配置。在这样的背景下，“国网云”应运而生。“国网云”将国家电网公司系统内的服务器等硬件进行统一的管理、维护与调配，在使用时，各单位可以根据自己的业务情况，在统一的“国网云”中按需所取，这样便可以缓解由海量业务发展带来的压力。客观上来讲，“国网云”主要服务于国家电网公司的各项业务以及电力相关的上下游企业，与普通用电客户并无直接交集，但“国网云”所带来的众多改变与进步，会直接改善人们的用电生活，这也是普通民众可以看得见、摸得着的实惠。

“国网云”包括生产控制云、企业管理云和公共服务云（简称“三朵云”），分别为国家电网公司的生产控制、企业管理及对外服务提供相应的技术支撑，而“国网云”平台则是管理、调控、支撑“三朵云”的核心。预计到2020年，国家电网公司将建成“三朵云”，实现“国网云”平台的全覆盖。相比于面向各行各业及社会公众的“阿里云”“腾讯云”，“国网云”在服务对象方面更加明确，对相关业务具有更高的精准性。同时，还可以根据不同业务的具体要求，对“国网云”的功能进行个性化设置，使其为各类业务提供最佳技术支撑。

三、物联网

物联网（Internet of Things，IoT）是指通过各类传感器、射频识别设备、红外感应器、定位系统、量测装置等信息感知设备，按约定的协议将任何物品与互联网相连接进行信息交换和通信，以实现智能化识别、定位、跟踪、监控和管理的网络。

物联网即“物物相连的互联网”，随着物联网技术发展和广泛应用，目前的内涵已逐步拓展为物、人、系统和信息资源深度连接的智能服务系统。电网企业利用物联网技术可有效诊断内部运营问题，识别外部需求，准确定位到业务管控节点，更好地推进精益化管理，满足客户的多元要求，快速响应市场变化。

当前，电网企业物联网技术应用以整合现有电网企业信息系统与采集终端为基础，盘活 PB 级的数据资源，加大数字化电网基础设施补短板力度。物联网具有数据感知、数据分析、数据传输、数据应用的全过程技术特点，在电网企业规划建设、调度控制、运维检修等内部生产运营业务，以及营销服务、综合能源服务、电动汽车等对外服务业务中具有巨大潜力。

物联网能够增强电网企业内部感知能力。依托物联网，进一步增强电网企业对生产运营的感知度，增强企业内在活力，增强服务经济社会能力，助力构建低碳清洁、安全高效的能源体系。

物联网能够提升电网企业外部服务能力。依托物联网，进一步提升电网企业与外部用户的交互能力，使客户从单一使用者向能源供应和服务的参与者转变，提升客户的感知能力、交互能力和参与度，充分挖掘物联网技术在用户侧的优势。

电网企业需深入研究如何充分利用现有资源，开展通信光纤网络、无线专网和电力杆塔的效能提升及商业化运营等。积极探索将原变电站改造为变电站、充换电站（储能站）和数据中心站三站合一的实施方案，提升数据感知、分析运算效率，进一步强化物联网与智能电网的融合发展。同时，研究新一代定制化智能电表，推进智能家居普及率，以智能电表和智能家居为用户终端信息载体，提升信息获取和交互频度，及时预判用户需求、环境变化、市场预期等因素，通过精准分析、合理应对、及时反馈，实现电网企业提质增效和能源服务便捷优质。

四、移动互联网

移动互联网（Mobile Internet）是基于移动通信和互联网技术，在手机、掌上电脑、采集装置等移动终端上实现自动采集、业务操作和服务交互等功能，提高生产自动化和优质服务水平的一种创新商业模式。移动互联网不仅仅只是互联网的延伸，更是一个颠覆。在移动互联网、云计算、物联网等新技术的推动下，传统行业与互联网融合的平台和模式都发生了改变。

随着国家电网公司移动应用范围逐年扩大、数量逐渐增多，应用趋向碎片化，移动应用的接入跟管理需要统一的技术标准及管理标准，以对应新形势新需求。国家电网公司将对营销、客服、电力交易、金融等业务领域提供移动应用支撑，并支持 Android 和 IOS 移动终端主流操作系统，实现办公和营销的实时化、移动化、简单化。

传统的通信技术不能完全解决智能电网中配电领域的广覆盖、高带宽、爆炸性数据接入，多业务承载和安全性等系列难题。无线专网承载各类业务，可提升通信网泛在、灵活接入能力，为各业务提供灵活便捷、安全可靠、经济高效的通信通道，有效融合能源流、业务流与数据流。电力无线专网是构建能源互联网和全业务泛在电力物联网的重要支撑，能有效解决电力业务“最后一公里”接入难题。

就像手机无线上网一样，无论走到哪里，只要有信号覆盖，都能轻松上网。未来，在电力无线专网覆盖的任何一个角落，都能实现互联网与电网相连，用户可以通过互联网与电网进行交互。家庭用户可随时控制家用电器，也可以时刻关注自家屋顶光伏的发电情况。

改变原有生活方式，让生活变得灵活可控、便捷实惠是“互联网+”思维延伸到线下的体现。电网可以不再是冰冷的铁塔和不会说话的变压器，它将与客户互动。未来，可能会出现新的售电方式，尤其是在与客户互动方面，将演变成跨企业的协同业务流程，而基于光纤和无线专网的互动通信解决方案将会提供有力的技术支撑。

五、人工智能

人工智能（Artificial Intelligence）是研究、开发用于模拟、延伸和扩展人的智能的理论、方法、技术及应用系统的一门新的技术科学。人工智能是计算机科学的一个分支，它企图了解智能的实质，并生产出一种新的能以人类智能相似的方式做出反应的智能机器，该领域的研究包括机器人、语言识别、图像识别、自然语言处理和专家系统等。人工智能从诞生以来，理论和技术日益成熟，应用领域也不断扩大，可以设想，未来人工智能带来的科技产品，将会是人类智慧的“容器”。人工智能不是人的智能，但能像人类一样思考、也可能超过人的智能。

当前，人工智能已经在各领域得到了广泛应用。人工智能技术作为新一轮产业变革的核心驱动力、经济发展的新引擎，将带动各行业形成智能化新需求，催生一大批智能化新技术、新产品、新产业，推动社会从数字化、网络化向智能化飞跃。智能电网的发展，也为人工智能技术应用提供了广阔的平台。基于数据驱动的电力人工智能技术将发挥越来越重要的作用，并将成为电网发展的重要战略方向和电网智能化发展的必然解决方案。

人工智能技术在电网建设、经营、决策、管理等领域中具有广阔的应用前景，将对提高大电网驾驭能力、保障能源安全，更好地服务经济社会发展发挥积极的作用。国家电网公司全力推动人工智能与电网生产运营的深度融合，形成了总部统一规划、直属科研产业单位提供技术和装备支撑、省（市）电力公司落地应用的人工智能创新体系布局。

六、区块链

区块链本质上是一个去中心化的数据库。狭义来讲，区块链是一种按照时间顺序将数据区块以顺序相连的方式组合成的一种链式数据结构，并以密码学方式保证的不可篡改和不可伪造的分布式账本。广义来讲，区块链技术是利用块链式数据结构来验证和存储数据、利用分布式节点共识算法来生成和更新数据、利用密码学的方式保证数据传输和访问安全、利用由自动化脚本代码组成的智能合约来编程和操作数据的一种全新的分布式基础架构与计算方式。

区块链具备去中心化、开放性、自治性、信息不可篡改、匿名性等优势。当前互联网的服务平台，本质上是（信任）中介，呈中心化。用户通过知名移动应用平台（信任）中介来完成购物、出行、叫餐、支付等行为。而区块链则是去掉这些中介，也就是所谓的“去中心化”，它由分布式数

据存储、点对点传输、共识机制、安全加密等技术有机组成，可为中心化机构业务交易中普遍存在的高成本、低效率和数据存储不安全等问题提供解决方案。

电力生产有两个特点：第一，所有发电数据是不可篡改的，这也是区块链本身一个非常重要的特性；第二，所有能源便利上网后是不可追溯的，用户无法判断其使用的电是来自火电，还是来自可再生能源或者其他形式，但区块链技术一定程度上可以实现电力的可追溯性，也可以让越来越多的人接触、使用到可再生能源。因此，电力生产的两个特殊性，造就了区块链技术将在能源领域应用广泛的特点。

作为能源产业发展新形态，能源互联网是电力行业的必然发展趋势，但目前仍面临精确计量、泛在交互、自律控制、优化决策、广域协调等一系列难题。几乎所有的能源系统数据都集中存储在一个“中心”，无法完全确保数据的真实可靠。而区块链技术可保证数据不可篡改，保障数据真实，为能源计量、交易、金融等提供重要网络基础技术保障。区块链是解决上述难题的一个有力手段，将为能源互联网技术解决方案与未来应用提供新方案。

区块链技术的技术特征体现了开放、共享、合作、共赢的理念。区块链技术与物联网结合，将为泛在物联网建设提供重要基础设施，可为能源互联网带来信任，激发商业模式创新，提升网络安全，助推“三型两网”企业建设。

第三节　工业互联网的发展

“大云物移智链”等先进信息通信技术的快速发展，不断推动工业企业的数字化转型。我国工业企业所处发展阶段参差不齐，其数字化转型既包括处于较低发展阶段的企业尚需不断提高信息化水平，也包括处于较高发展阶段的企业实现数字化、网络化、智能化。工业企业中，我国制造业数字化转型已经取得了一定成效，数字化、集成互联、智能协同水平持续提高，工业互联网的应用规模正在不断扩大。

一、工业互联网的内涵与概念

国际金融危机之后，世界主要发达国家纷纷认识到以制造业为主体的实体经济的战略意义，期望通过产业升级解决高成本等问题，并通过发展高端产业寻求经济发展的新支柱。

在此背景下，美国、德国、日本、英国、法国等主要工业国家在工业互联网领域积极布局，推动工业互联网概念落地。由于各个国家对工业互联网发展战略侧重点不同，各国对工业互联网概念、内涵的理解与定义也不尽相同。以美国为例，通过实施“再工业化”战略，产业界提出了工业互联网概念，其核心功能是将机器、物料、人、信息系统连接起来，结合软件和大数据分析，进行科学决策与智能控制，提高制造资源配置效率，大幅降低生产成本。以德国为例，在德国工业 4.0 战略中，工业互联网通过将机器设备、零部件、物料、人等进行数字转化，进行网络连接，实现设备之间、工厂之间横向集成，提高生产效率，其更加突出数字化创新在工业互联网中的重要作用。

2016 年 8 月，我国工业互联网产业联盟在中华人民共和国工业和信息化部指导下，发布了工业互联网体系架构，在该架构中工业互联网是互联网和新一代信息技术与工业系统全方位深度融合所形成的产业和应用生态，是工业智能化发展的关键综合信息基础设施。

2017 年 11 月，国务院印发了《关于深化“互联网＋先进制造业”发展工业互联网的指导意见》，提出构建工业互联网标准体系，实施标准研制及试验验证工程，并给出工业互联网定义：工业互联网通过系统构建网络、平台、安全三大功能体系，打造人、机、物全面互联的新型网络基础设施，形成智能化发展的新兴业态和应用模式，是推进制造强国和网络强国建设的重要基础，是全面建成小康社会和建设社会主义现代化强国的有力支撑。

工业互联网示意图如图 1－1 所示。

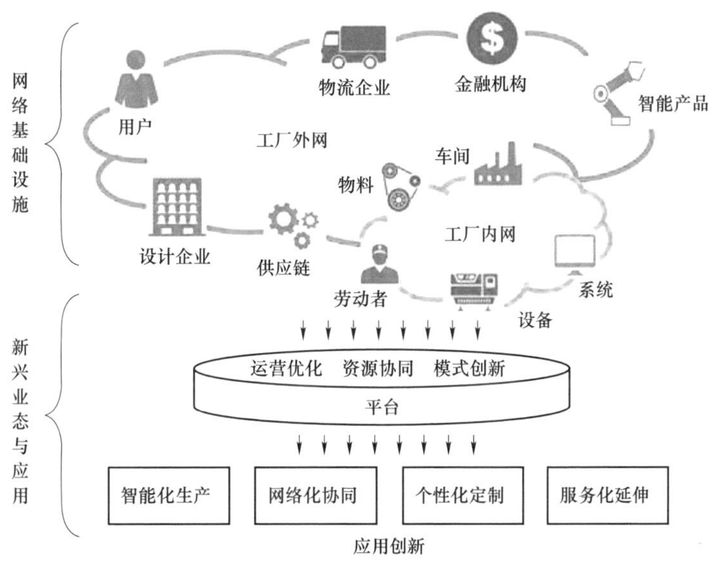

图 1－1　工业互联网示意图

二、工业互联网与传统互联网的区别

工业互联网与传统互联网相比，主要有四个明显区别：

（1）服务主体不同。传统互联网的服务主体和连接对象主要是人，强调生活场景的全面线上化，应用场景相对简单；工业互联网需要连接人、机、物、系统等，连接种类和数量更多，强调企业生产线上与线下的协同发展，场景十分复杂。

（2）网络形态不同。传统互联网主要面向公共网络，因此对网络性能要求相对较低；工业互联网的网络形态则是企业内网而且是物联网，具有更强可靠性和安全性要求，以满足工业生产的需要。

（3）复杂程度和发展模式不同。传统互联网连接的主要是人，应用场景相对简单，应用门槛低，发展模式可复制性强；工业互联网则主要是连接人、机、物、系统等，行业标准多，应用专业化、个性化强，由互联网企业主导推动且投资回收期短，容易获得社会资本的支持，但难以找到普适性的发展模式。

（4）市场格局不同。传统互联网市场集中度高，典型案例有阿里巴巴、腾讯、百度、京东等；工业互联网则具有较强的垂直细分特点，较难形成寡头垄断，目前在我国乃至世界仍处于发展起步阶段，典型案例有中国航天科工集团有限公司的航天云网工业互联网平台和海尔集团的COSMOPlat工业互联网平台等。

三、工业互联网的意义

随着新一代信息技术与制造业深度融合，工业互联网已经成为推动制造业转型升级、发展实体经济的新型网络基础设施。发展工业互联网，是世界各国推进工业经济转型发展的共同选择。国务院《关于深化“互联网＋先进制造业”发展工业互联网的指导意见》指出，工业互联网作为新一代信息技术与制造业深度融合的产物，日益成为新工业革命的关键支撑和深化“互联网＋先进制造业”的重要基石，对未来工业发展产生全方位、深层次、革命性影响。

加快建设和发展工业互联网，推动互联网、大数据、人工智能和实体经济深度融合，发展先进制造业，支持传统产业优化升级，具有重要意义。

（1）工业互联网是以数字化、网络化、智能化为主要特征的新工业革命的关键基础设施，加快其发展有利于加速智能制造发展，更大范围、更高效率、更加精准地优化生产和服务资源配置，促进传统产业转型升级，催生新技术、新业态、新模式，为制造强国建设提供新动能。工业互联网还具有较强的渗透性，可从制造业扩展成为各产业领域网络化、智能化升级必不可少的基础设施，实现产业上下游、跨领域的广泛互联互通，打破“信息孤岛”，促进集成共享，并为保障和改善民生提供重要依托。

（2）发展工业互联网，有利于促进网络基础设施演进升级，推动网络应用从虚拟到实体、从生活到生产的跨越，极大拓展网络经济空间，为推进网络强国建设提供新机遇。当前，全球工业互联网正处在产业格局未定的关键

期和规模化扩张的窗口期，亟须发挥我国体制优势和市场优势，加强顶层设计、统筹部署，扬长避短、分步实施，努力开创我国工业互联网发展新局面。

四、工业互联网的关键组成部分

工业互联网体系架构如图1－2所示。

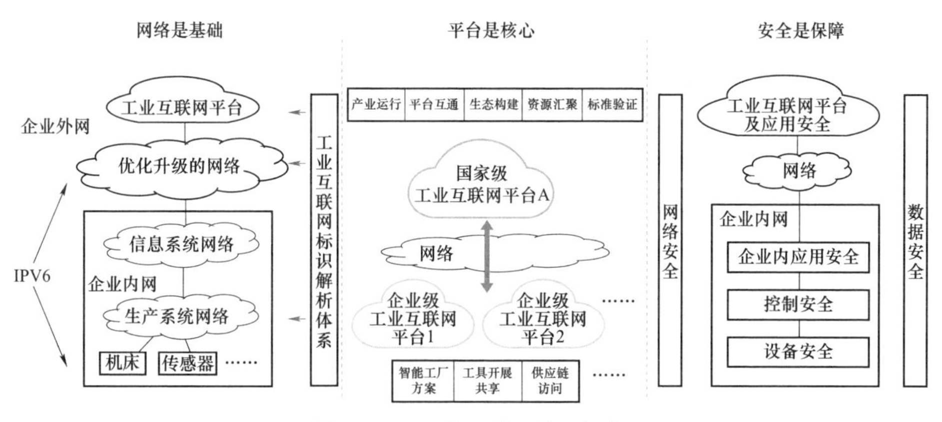

图1－2　工业互联网体系架构

网络是工业系统互联和数据传输交换的支撑基础，包括网络互联体系、标识解析体系和应用支撑体系。通过建设低延时、高可靠、广覆盖的工业互联网网络基础设施，能够实现数据在工业各个环节的无缝传递，支撑形成实时感知、协同交互、智能反馈的生产模式。

平台是面向制造业数字化、网络化、智能化需求的工业全要素链接枢纽和基于海量数据并能够提供采集、汇聚、分析数据服务的体系，通过海量数据汇聚、建模分析与应用开发，推动制造能力和工业知识的标准化、软件化、模块化与服务化，支撑工业生产方式、商业模式创新和资源高效配置，包括边缘、平台、应用三大核心层级。

安全是工业互联网健康发展的保障，包括设备安全、网络安全、控制安全、数据安全、应用安全和综合安全管理。通过建立工业互联网安全保障体系，能够有效识别和抵御各类安全威胁，化解多种安全风险，为工业智能化发展保驾护航。

第二章

国家电网有限公司发展面临的形势

进入新时代，作为保障国家能源安全、参与全球市场竞争的“国家队”，作为党和人民信赖依靠的“大国重器”，国家电网公司在稳增长、调结构、补短板、惠民生中起着十分重要的作用。

为了进一步加快国家电网公司新旧动能转换，持续推动国家电网公司高质量发展，国家电网公司需要找准新定位、把握新要求、谋划新思路、树立新担当、展现新作为。

本章将在总结国家电网公司发展成就的基础上，分别从社会经济发展形势、能源发展趋势、企业发展形势三个维度，对国家电网公司所处的内外部环境和发展面临的形势进行简要分析。

第一节　国家电网有限公司的发展成就

国家电网公司是根据《中华人民共和国公司法》规定设立的中央直接管理的国有独资公司，是关系国民经济命脉和国家能源安全的特大型国有重点骨干企业。以投资建设运营电网为核心业务，承担着保障安全、经济、清洁、可持续电力供应的基本使命。

中国电力工业具有近140年的历史。1949年中华人民共和国成立后，电力工业管理体制经过多次变化，历经燃料工业部、电力工业部、水电部、能源部，到1993年成立电力工业部。1997年，国家电力公司成立，与电力工业部实行两块牌子、一套班子运行。2002年，国务院实施电力体制改革，决定在原国家电力公司部分企事业单位基础上组建国家电网公司。2017年，国务院实施中央企业公司改制工作，国家电网公司由全民所有制企业整体改制为国有独资公司，名称变更为“国家电网有限公司”。

目前，国家电网公司经营区域覆盖26个省（自治区、直辖市），覆盖国土面积的88%以上，供电服务人口超过11亿人。国家电网公司注册资本8295亿元，资产总额38088.3亿元。国家电网公司还稳健运营在菲律宾、巴西、葡萄牙、澳大利亚、意大利、希腊、中国香港等国家和地区的资产。国家电网公司已连续14年获评中央企业业绩考核A级企业，2016～2018年蝉联《财富》世界500强第2位、中国500强企业第1位，是全球最大的公用事业企业。

一、电网发展方面

近年来，国家电网公司持续发挥特高压资源优化配置作用，不断推进各级电网协调发展，进一步加快一流现代化配电网建设。提升资源配置能力方面，截至2018年底，国家电网公司累计建成“八交十直”特高压工程，在运在建线路长度3.49万km、变电（换流）容量3.61亿kVA（kW），跨省跨区输电能力 2.1 亿 kW，累计输送电量 1.24 万亿 kW·h，已经建成世界上输电能力最强、新能源并网规模最大、安全运行记录最长的特大型电网，为我国经济社会发展提供了安全可靠的电力保障。

推进各级电网协调发展方面，国家电网公司积极落实蒙西—晋中、张北—雄安、驻马店—南阳特高压交流，青海—河南特高压直流工程核准批复、西藏阿里联网工程项目建议书批复，完成白鹤滩—江苏特高压直流工程可研，并组织完成 115 余项省内 330～750kV 输变电工程核准。110（66）～750kV 交流输变电工程方面，2018 年投产 47298km、25758 万 kVA，开工 43387km、24706 万 kVA。累计拥有 110（66）kV 及以上输电线路 103.34 万 km、变电容量 46.2 亿 kW·h。

加快一流现代化配电网建设方面，国家电网公司积极部署实施世界一流城市配电网基础建设年行动计划，建成北京城市副中心世界一流高端智能配电网等 28 个世界一流配电网先行示范区。同时，指导雄安公司高质量做好配电网规划建设，建立西藏配电网工程建设和运检管理帮扶工作长效机制。坚持新时代配电管理思路，全力推进中央预算内投资工程、小康用电示范县、“三区两州”深度贫困地区电网建设等重点项目实施，提前 4 个月完成边防部队通大网电 10kV 及以下项目建设任务。

二、安全运营方面

国家电网公司始终把电网安全摆在首位，坚持抓基础、抓创新，持续提升设备状态管控能力和运检管理穿透力，提升内在预防和抵御事故风险的能力，通过应急安全体系建设等措施，持续应对用电高峰，高质量完成了重大活动保电任务，并妥善应对突发事件和雨雪冰冻等自然灾害，确保了大电网安全运行。

目前，国家电网保持特大型电网安全运行最长记录，是近 20 多年唯一没有发生大停电事故的特大型电网。2018 年国家电网公司经营区供电可靠性如图 2－1 所示，近年来世界较大规模停电事故见表 2－1。

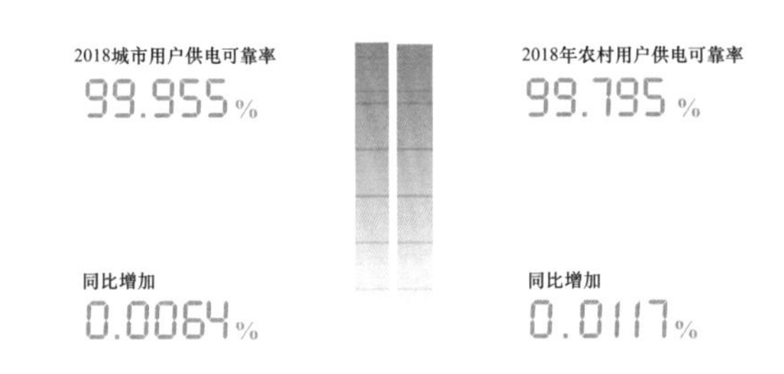

图 2-1　2018 年国家电网公司经营区供电可靠性

表 2-1　　近年来世界较大规模停电事故

序号	时间	国家或地区	事故影响
1	2015.03.31	土耳其	全国超过 80 个省市出现电力中断，是 1999 年以来最为严重的停电事故
2	2015.04.07	美国	华盛顿 8000 用户和马里兰州 2 万用户停电，国务院发生数分钟停电
3	2015.12.23	乌克兰	电力中断数小时，伊万诺一弗兰克夫斯克地区约 70 万人受到影响
4	2016.09.28	澳大利亚	风电机组大规模脱网等一系列故障最终演变成 50 小时后恢复供电的全网大停电
5	2016.10.12	日本	东京 11 个区共 58.6 万户停电
6	2017.08.01	俄罗斯	布列亚水电站 5 台机组停运，负荷下降 140 万 kW，约 150 万用户受到影响
7	2017.08.15	中国台湾地区	停电事故波及台北、新北、高雄等 17 个市县，影响用户达 668 万户
8	2018.03.22	巴西	14 个州大停电，18000MW 负荷损失，占联网系统 22.5%
9	2019.03.07	委内瑞拉	停电事故影响首都加拉加斯，以及该国 23 个州中的至少 20 个州，接近 3000 万人受到影响

三、技术创新方面

当前新一轮科技革命与能源革命相融并进、蓬勃发展，国家电网公司始终坚持创新驱动，大力实施科技强企战略，持续提升创新能力，集中力量攻克一批能源电力领域的重大核心技术，持续巩固和扩大电网技术领先优势，推动我国从电力大国向电力强国转变。目前，国家电网公司在特高压输电、智能电网、大电网安全控制、新能源接入、电动汽车充换电等多个领域，已达到了世界领先水平。

截至 2018 年底，国家电网公司累计获得国家科学技术进步奖 79 项、国家技术发明奖 5 项，其中特高压交、直流技术先后荣获国家科技进步奖特等奖 2 项。此外，国家电网公司建成的全球最大智慧车联网平台荣获了 2018 年度国际爱迪生奖，国家电网公司成为首个获得该项殊荣的中国电力企业。国家电网公司研发费用投入情况和专利拥有情况分别如图 2－2 和图 2－3 所示。

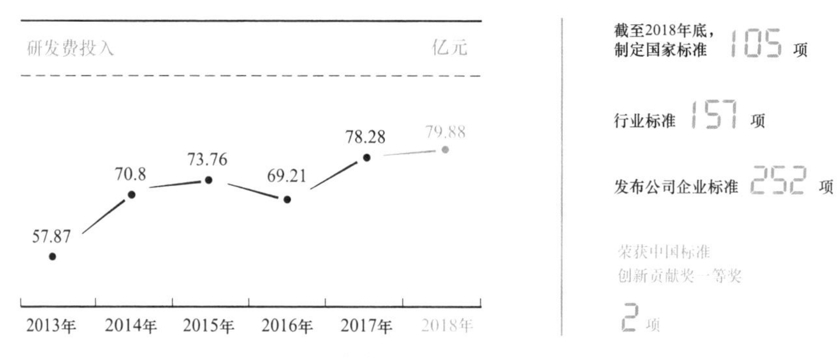

图 2－2　国家电网公司研发费用投入情况

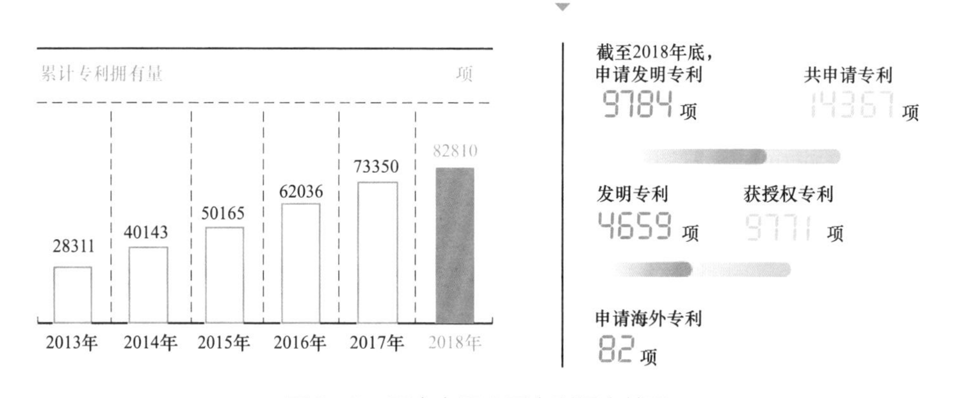

图 2－3　国家电网公司专利拥有情况

四、清洁能源消纳方面

2018 年，我国新能源发电持续快速增长，累计装机容量超过 3.5 亿 kW，占全国总装机容量的比重达到 19%，13 个省份新能源发电装机容量占比超过 20%。新能源发电量占总发电量的比例达到 7.8%，10 个省份新能源发电量占

本省总发电量的比例超过10%。

国家电网公司在加强统一调度、提高消纳水平，加快电网建设、提高输送能力，建设抽水蓄能电站、提升灵活调控能力，做好并网服务、提升并网服务水平和完善市场机制、提升消纳空间五大方面持续发力，加快清洁能源并网及输送通道建设，满足清洁能源外送需要。2018年，国家电网持续加强新能源并网和送出工程建设，建成世界电压等级最高、送电距离最远的准东—皖南±1100kV特高压直流输电工程，建成15条提升新能源消纳能力的重点输电通道，开工建设5座抽水蓄能电站，电网大范围资源优化配置能力进一步提升。

截至2018年底，国家电网公司经营区范围内，新能源发电累计装机容量29896万kW，同比增长23%，占全国新能源发电累计装机容量的83%；新能源发电新增装机容量5500万kW，占全国的83%。2018年，国家电网公司完成新能源省间交易电量718亿kW·h，同比增长46%。其中“三北”地区通过加强省间交易，增加新能源消纳电量226亿kW·h。国家电网公司经营区新能源发电量及占比情况如图2-4所示。

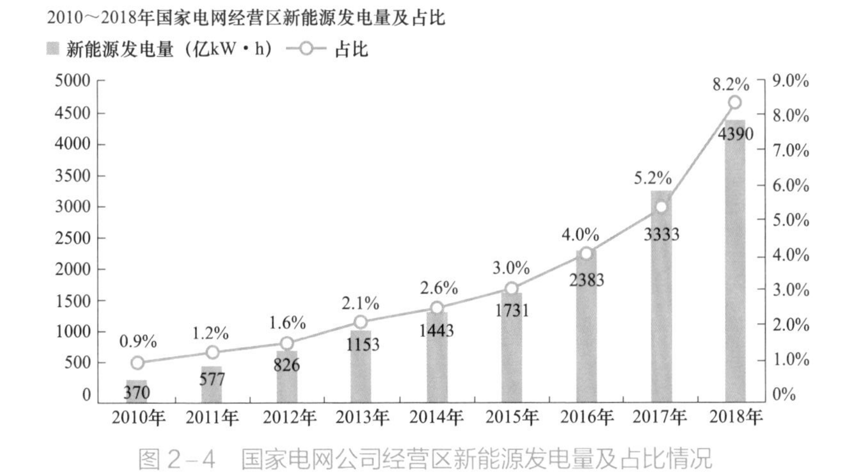

图2-4　国家电网公司经营区新能源发电量及占比情况

2018年，国家电网经营区新能源消纳矛盾持续缓解，新能源弃电量268亿kW·h、同比下降35%，弃电率5.8%、同比下降5.2个百分点，新能源总体利用率达到94.2%。在新能源发电量和占比“双升”情况下，实现了弃电量和弃电率“双降”。青海省在2017年连续7天全清洁能源供电基础上，2018年6月20～28日又连续9天，2019年6月9～23日又连续15天全部以清洁能源供电，为世界提供清洁发展的中国样本。国家电网公司经营区新能源弃电量与弃电率情况如图2－5所示。

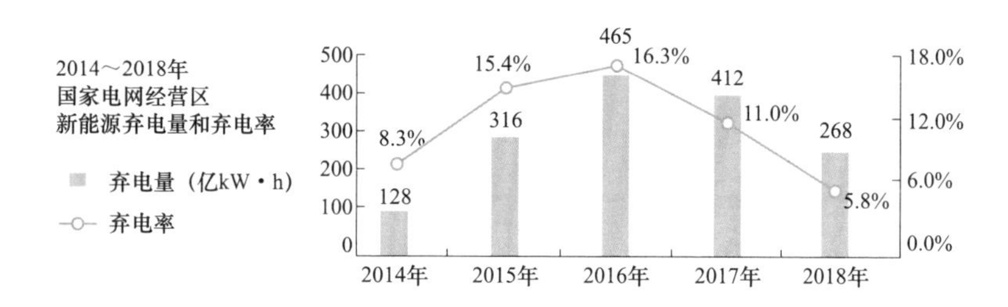

国家电网经营区弃风电量217亿kW·h、同比下降37%，弃风率7.1%、同比下降5.8个百分点。

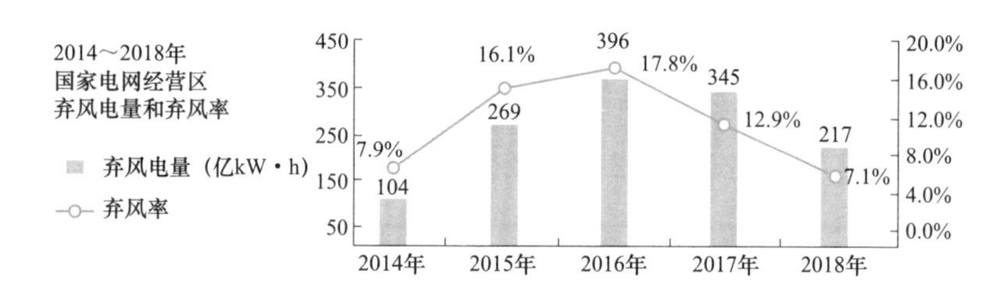

国家电网经营区弃光电量52亿kW·h、同比下降23%，弃光率3.2%、同比下降3.0个百分点。

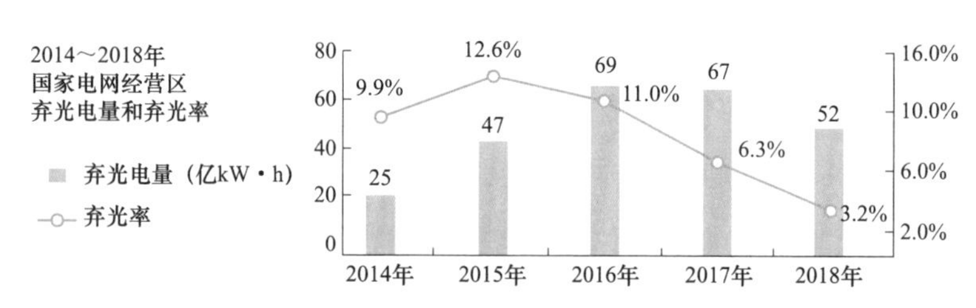

图2－5　国家电网公司经营区新能源弃电量与弃电率情况

五、国际化运营及参与“一带一路”建设方面

在国际化运营中，国家电网公司树立了明确的可持续发展目标，按照共

商、共建、共享和互利共赢的原则，推进国际化项目，坚持市场化经营、长期化经营、本土化经营，立足主业，发挥企业优势，成功投资运营巴西、菲律宾、葡萄牙、澳大利亚、意大利、希腊、中国香港 7 个国家和地区骨干能源网，在全球设立 10 个办事处，在美国和德国设立研究院，境外资产达 655 亿美元，项目全部盈利，推动企业与全球经济社会的共同发展进步。国家电网公司投资运营境外电力基础设施情况如图 2-6 所示。

图 2-6　国家电网公司投资运营境外电力基础设施情况

在服务和推进“一带一路”建设过程中，国家电网公司积极统筹国际国内两种资源、两个市场，与沿线国家携手加快推进能源转型，共同应对环境污染和气候变化，促进电力工业化、现代化水平，优化全球能源治理，积极为实现可持续发展目标做出贡献。

第二节　社会经济发展形态

一、我国经济进入高质量发展阶段

我国经济已由高速增长阶段转向高质量发展阶段，正处在转变发展方式、优化经济结构、转换增长动力的攻关期，必须坚持质量第一、效益优先，以供给侧结构性改革为主线，推动经济发展质量变革、效率变革、动力变革。

作为中国特色社会主义经济的“顶梁柱”，国有企业在推动经济由高速增长转向高质量发展中承担着重要责任，并在我国经济高质量发展中起到主体作用。国有企业的发展质量直接关系到深化国有企业改革的成败以及我国经济社会发展的质量。

国家电网公司是关系国民经济命脉和国家能源安全的特大型国有重点骨干企业，在保障国家能源安全、促进生态文明建设、壮大国家综合实力、服务民生改善中承担着重要的责任。面向新时代，国家电网公司需要牢牢把握高质量发展这个根本要求，以落实供给侧结构性改革为主线，不断提高发展的质量、效率和效益，努力实现自身的高质量发展，努力服务经济社会的高质量发展。

二、新经济模式不断涌现

当今时代，新一轮科技革命和产业变革蓄势待发，以“大云物移智链”等为代表的新一代信息技术迅猛发展，并加速与经济社会各领域深度融合，传统产业数字化创新转型步伐加快，促进了数字经济快速发展。以平台经济、共享经济为主要代表的数字经济等新经济模式不断涌现并迅速崛起，是发展最快、创新最活跃、辐射最广泛的经济活动，已经成为社会创新发展和产业升级的新引擎。

据统计，2017 年，美国数字经济规模全球领先，达到 11.5 万亿美元，我国数字经济规模 4.02 万亿美元，位列第二。数字经济占 GDP 比重最高的国家依次为德、英、美，分别达 61.36%、60.29%、59.28%，数字经济对于经济发展的拉动作用大幅领先其他国家。日本、韩国、法国、中国、墨西哥、加拿大、巴西的数字经济 GDP 占比均超过 20%。其中我国数字经济 GDP 占比增长幅度最大。可见，数字经济已成为包括我国在内的 G20 国家 GDP 增长的核心动力。2016～2017 年 G20 国家数字经济规模如图 2－7 所示。

党的十九大报告明确提出，推动互联网、大数据、人工智能和实体经济深度融合，在中高端消费、创新引领、绿色低碳、共享经济、现代供应链、人力资源服务等领域培育新增长点、形成新动能。中国正在从以物质生产、物质服务为主的工业经济发展模式向以信息生产、信息服务为主的数字经济发展模式转变。

新的经济模式的不断涌现需要国家电网公司在强化电网关键技术传统优势的基础上，进一步突破技术瓶颈，主动拥抱平台经济、共享经济、数字经济等新理念，以创新思维培育新业务、打造新业态、建立新模式，推动新旧发展动能转换，实现质效提升和新价值创造。

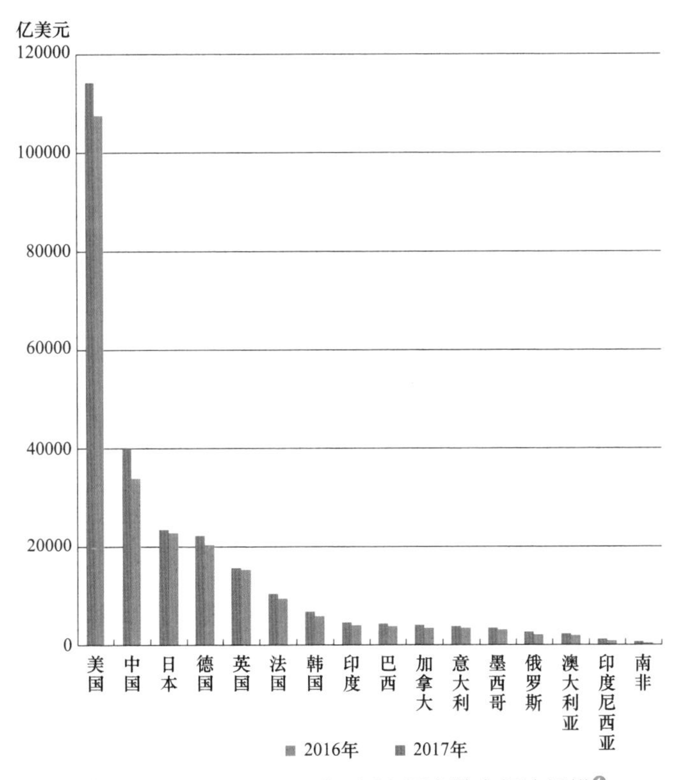

图 2-7 2016～2017 年 G20 国家数字经济规模[1]

[1] 来源：中国信息通信研究院。

平台经济、共享经济、数字经济

平台经济是指互联网时代下，基于互联网、云计算和大数据等一系列数字技术驱动的平台型新兴经济业态。

——阿里研究院，德勤研究，《平台经济协同治理三大议题》。

共享经济是指利用互联网等现代信息技术，以使用权分享为主要特征，整合海量、分散化资源，满足多样化需求的经济活动总和。

——国家信息中心分享经济研究中心，《中国共享经济发展年度报告（2018）》。

数字经济是指以使用数字化的知识和信息作为关键生产要素、以现代信息网络作为重要载体、以信息通信技术的有效应用作为效率提升和经济结构优化的重要推动力的一系列经济活动。

——《二十国集团数字经济发展与合作倡议》。

三、创新引领作用更加凸显

2018 年，李克强总理在《政府工作报告》中特别强调，要深入实施创新驱动发展战略，加快建设创新型国家，全面引领经济发展，增强经济创新力和竞争力。随着“大众创业、万众创新”“互联网 +”“中国制造 2025”等行动计划陆续实施和创新驱动发展战略不断推进，我国创新生态得到显著优化，创新主体积极性得以充分调动。

2017 年我国创新指数为 196.3，比 2016 年增长 6.8%。分领域看，创新环境指数、创新投入指数、创新产出指数和创新成效指数分别达到 203.6、182.8、236.5 和 162.2，分别比 2016 年增长 10.4%、6.2%、5.9%和 4.8%[1]。测算结果表明，我国创新环境进一步优化，创新投入力度继续加大，创新产出持续提升，创新成效稳步增强，创新能力向高质量发展要求稳步迈进。此外，在世界知识产权组织和美国康奈尔大学等机构在纽约最新发布《2018 年全球创新指数报告》中，中国排名第 17 位，比 2017 年上升 5 位，首次跻身全球创新指数 20 强。

面对推进核心技术创新、业务转型升级、商业模式创新所面临的重要机遇和挑战，国家电网公司需要与新一轮科技革命与能源革命相融并进、蓬勃

[1] 来源：国家统计局。

发展。强化自主创新，加快从要素驱动向创新驱动转变，既是供给侧结构性改革的必然要求，也是高质量发展的鲜明特征。面向新时代新征程，国家电网公司需要瞄准世界一流，坚持创新驱动，完善创新机制，增强创新能力，推进科技、业务、服务全方位创新，突破核心技术，努力抢占发展的制高点。

第三节 能源发展趋势

一、能源电力需求保持稳定增长

2016 年以来，中国经济步入“新常态”，经济增速放缓，结构优化升级，增长动力从要素驱动、投资驱动转向创新驱动，环境承载能力已经达到或者接近上限，以上因素将深度改变中国能源需求的总量和结构。我国能源需求尽管增速放缓，但仍将长期保持增长。据预计，我国能源需求总量将在 2025 年和 2030 年分别增长至 51.5 亿 t 标准煤和 53.2 亿 t 标准煤，并在 2016～2030 年保持 1.4%以上的年均增长率。

同时，在经济增长趋势、产业结构转型升级、电能利用效率提升、城镇化建设及消费结构调整等多种因素的影响下，我国电力需求增长速度将有所放缓。但目前我国人均用电量还不到发达国家的一半，未来电力发展仍然具有较大空间，因此用电需求增速仍将保持高于能源需求总量的增速。据预测，2020 年全国全社会用电量将超过 7 万亿 kW·h，2030 年达到 11 万亿 kW·h，在现有基础上再翻一番。

未来，我国东中部地区仍然是用电负荷中心，并将呈现持续增长态势，“西电东送、北电南供”规模还将进一步扩大，预计在 2035 年将达到 6 亿 kW。我国能源资源与需求逆向分布的基本国情以及能源转型发展的需要，决定了我国必须进一步强化特高压电网为骨干网架作用，打造以坚强智能电网与泛在电力物联网为基础平台，深度融合先进能源技术、现代信息通信技术和控制技术的能源互联网，构建符合我国国情的西电东送、北电南送能源输送配置格局。

二、能源清洁转型进一步加快

加快发展清洁能源、推动能源绿色转型，已成为世界各国应对能源和生态环境问题的共同选择。我国作为世界上的人口大国和能源消费大国，经济增长压力和节能减排压力巨大。

2016 年国家发展改革委和国家能源局共同发布的《能源技术革命创新行动计划（2016—2030 年）》，明确提出了在 2020 年实现非化石能源消费比重提高到 15%以上。在这些法律法规和政策措施的促进下，以风、光为主的可再生能源发电技术在我国迅速发展，装机容量不断攀升，我国清洁能源发展已经走在世界前列，风电、光伏发电、水电装机规模位居全球第一。截至 2018 年底，我国可再生能源发电装机达到 7.28 亿 kW，同比增长 12%。其中，水电装机容量 35226 万 kW，增长 2.5%；并网风电装机容量 18426 万 kW，同比增长 12.4%；并网太阳能发电装机容量 17463 万 kW，同比增长 33.9%。可再生能源发电装机约占全部电力装机的 38.3%，同比上升 1.7 个百分点[1]，如图 2－8 所示。

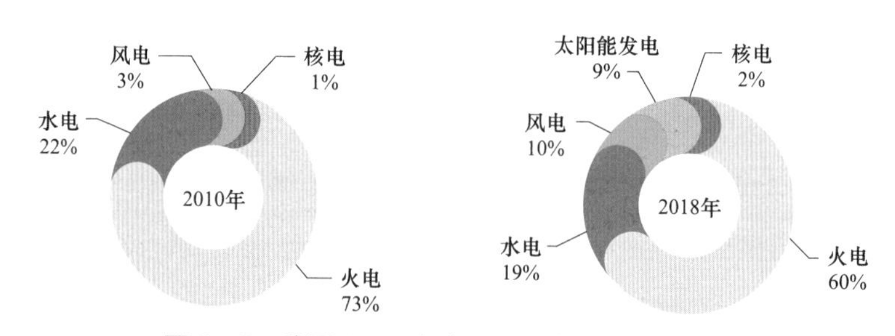

图 2－8　我国 2010 年与 2018 年电源结构对比

但受多种因素影响，我国局部地区弃水、弃风、弃光问题突出。2017 年弃水、弃风、弃光电量高达 1007 亿 kW·h，超过三峡电站全年发电量。为破解清洁能源“消纳难”的问题，2018 年 12 月，国家发改委、国家能源局联合

[1] 来源：国家能源局。

印发《清洁能源消纳行动计划（2018—2020 年）》，为全面提升清洁能源消纳能力确定了明确目标。2018 年，国家电网公司在清洁能源消纳方面交出了令人满意的答卷，成为全球接入清洁能源规模最大的电网。

2019 年《政府工作报告》强调，要大力发展可再生能源，加快解决风、水、光的消纳问题。国家电网公司承诺 2019 年力争新能源省间交易电量突破 700 亿 kW·h，确保弃风弃光率控制在 5%以内，提早一年完成中央经济工作会议要求。国家电网公司进一步围绕引导清洁能源有序发展、加快电网建设、加强统一调度、扩大交易规模、加强技术和机制创新、强化组织领导 6 大方面，实施 30 项重点工作，确保实现上述目标。

三、能源革命与数字革命融合发展

全球进入互联网和数字经济时代，新的生产关系和经济形态正在形成，互联网逐步成为价值再造的核心要素与经济发展的新动能。对于能源领域也不例外，先进信息技术、数字技术与能源产业深度融合，正在推动能源新技术、新模式和新业态的兴起。能源革命进入新阶段，智能化、市场化、生态化将会推动能源革命的进程，数字化、联网化、共享化为能源革命向纵深发展开辟新途径，能源革命与数字革命深度融合发展是能源产业发展的必然趋势。

为了紧抓数字革命机遇，国家发改委、能源局、工信部遵循习近平总书记“四个革命、一个合作”能源安全新战略，联合印发了《关于推进“互联网+”智慧能源发展的指导意见》，推动能源领域供给侧结构性改革，支撑和推进能源革命，为实现我国从能源大国向能源强国转变和经济提质增效升级奠定坚实基础。

数字革命和能源革命的不断融合给能源发展带来了新机遇，给能源调整带来了新课题，给能源安全带来了新挑战。这就需要国家电网公司深入贯彻习近平总书记“四个革命、一个合作”能源安全新战略，顺应并引领能源革命和数字革命融合发展趋势，继续深化“大云物移智链”等现代信息技术的融合应用，不断推进具有全球竞争力的能源互联网企业建设。

四、电网发展面临挑战不断增多

电网是能源汇集传输和转换利用的枢纽，在能源转型中发挥着重要作用。清洁能源加快发展、新技术新装备广泛接入，给电网发展带来新的挑战，可以总结为以下五个主要方面：

“四个革命、一个合作”能源安全新战略

第一，推动能源消费革命，抑制不合理能源消费。坚决控制能源消费总量，有效落实节能优先方针，把节能贯穿于经济社会发展全过程和各领域，坚定调整产业结构，高度重视城镇化节能，树立勤俭节约的消费观，加快形成能源节约型社会。第二，推动能源供给革命，建立多元供应体系。立足国内多元供应保安全，大力推进煤炭清洁高效利用，着力发展非煤能源，形成煤、油、气、核、新能源、可再生能源多轮驱动的能源供应体系，同步加强能源输配网络和储备设施建设。第三，推动能源技术革命，带动产业升级。立足我国国情，紧跟国际能源技术革命新趋势，以绿色低碳为方向，分类推动技术创新、产业创新、商业模式创新，并同其他领域高新技术紧密结合，把能源技术及其关联产业培育成带动我国产业升级的新增长点。第四，推动能源体制革命，打通能源发展快车道。坚定不移推进改革，还原能源商品属性，构建有效竞争的市场结构和市场体系，形成主要由市场决定能源价格的机制，转变政府对能源的监管方式，建立健全能源法治体系。第五，全方位加强国际合作，实现开放条件下能源安全。在主要立足国内的前提条件下，在能源生产和消费革命所涉及的各个方面加强国际合作，有效利用国际资源。

第一，新能源大规模开发利用给电力系统带来了深刻变化。2020～2035年，新能源将成为我国新增装机的主力，占总装机比例将超过 40%，需要我们在大电网平衡控制、新技术创新应用、电力市场政策设计和市场消纳等方面深化研究、超前布局。

第二，大电网安全面临更大的风险。风电的“弱转动惯量”和光伏的“零转动惯量”，导致电力系统转动惯量大幅减少，电力系统的抗扰动能力将明显下降。同时，大量的电力电子设备并网将导致系统稳定机理发生变化，这给电力系统安全运行带来巨大压力。此外，特高压电网仍处在发展过渡期，交流网架不完整，“强直弱交”结构矛盾仍然明显，部分特高压直流输电能力不能充分发挥。

第三，电网的源—网—荷—储协同及区域协调需求日益紧迫。西部清洁能源大规模开发，煤电清洁化利用，东中部严控煤炭消费总量，“西电东送”规模还将持续加大，预计 2020 年、2035 年，分别达到 2.5 亿、5 亿 kW。配电网方面，基础设施仍然薄弱，分布式发电、微电网、电动汽车、储能等大量接入，需要加快提升电网灵活性、适应性，满足多元化、个性化用能需求。

第四，电网潮流双向化趋势将更加明显。在配电网方面，分布式可再生能源并网将成为未来重要发展趋势，当局部地区可再生能源的瞬时出力大于负荷需求时，会发生潮流反转向主网倒送功率，可能产生严重的过电压问题；在输电网方面，为了跨区消纳可再生能源，联络线潮流可能要“随风而动”，导致联络线功率波动或双向流动，形成跨区电网互济。

第五，电力系统的灵活资源将进一步稀缺。在高可再生能源并网比例的情况下，电力系统“净负荷”短时波动将非常明显。以光伏装机比例较大的区域为例，电力系统已经出现“鸭型曲线”场景，对于系统调频、负荷跟踪能力的需求大大增加。为了实现功率实时平衡，需要传统机组、储能、需求响应等多方面资源进行灵活的调节。因此，传统机组需要实现从“主要能源供应者”向“灵活性资源提供者”的转变。

第四节　企业发展形势

一、全面深化改革向纵深推进

党的十九大报告指出，必须坚持和完善中国特色社会主义制度，不断推进国家治理体系和治理能力现代化，坚决破除一切不合时宜的思想观念和体制机制弊端。中央深入推进重要领域和关键环节改革，各领域改革方案和办法陆续出台，改革步伐不断加快。社会各界对释放改革红利的期望很高、诉求很多。国家电网公司不断增强改革主动性，加大改革力度，推动改革落地见效，努力开创改革新局面。

近年来，国家电网公司坚决贯彻落实中央改革部署，强化顶层设计，狠抓任务落实，统筹推进电力改革和国企改革，呈现出重点突破、全面推进的良好态势。但需要清醒看到，进行到今天，改革任务将越来越艰巨。因此，国家电网公司需要继续狠抓改革落实，扎扎实实把各项改革推向深入。

二、国资国企改革步伐加快

国有企业是中国特色社会主义的重要物质基础和政治基础，是我们党执政兴国的重要支柱和依靠力量。党的十九大强调，要完善各类国有资产管理体制，改革国有资本授权经营体制，加快国有经济布局优化、结构调整、战略性重组，促进国有资产保值增值，推动国有资本做强做优做大，有效防止国有资产流失。深化国有企业改革，发展混合所有制经济，培育具有全球竞争力的世界一流企业。

2019 年 1 月，国务院国资委就创建世界一流示范企业进行了工作部署，包括国家电网公司在内的 10 家企业被明确为创建单位，要求用 3 年左右时间在部分细分领域和关键环节取得实质性突破，在整体上取得显著成效。这对国家电网公司积极适应改革要求、坚持分类改革和分类管理、加快发展混合所有制经济等提出了新的要求。国家电网公司要对照国资委“三个领军”“三个领先”“三个典范”标准，结合企业实际，努力在优化配置国际电力资源、引领全球电网技术发展、具有全球能源转型发展话语权和影响力方面成为领军企业，在运营效率、经济效益、优质服务方面成为领先企业，在践行新发展理念、履行社会责任、打造全球知名品牌方面成为典范企业。

三、电力体制改革持续深化

2015 年 3 月，中共中央印发了《关于进一步深化电力体制改革的若干意见》（中发〔2015〕9 号），开启了“管住中间、放开两头”模式的新一轮电力体制改革序幕。随后国家发展改革委、国家能源局会同有关部门制定并发布 6 个电力体制改革配套文件，提出了推进售电侧改革的主要目标，即进一步在售电环节引入竞争，向社会资本开放售电业务，扩大用户选择权范围，多途径培育售电主体，形成多家买电、多家卖电的竞争格局。

2016 年 10 月 8 日，国家发展改革委、国家能源局印发《有序放开配电网业务管理办法》（发改经体〔2016〕2120 号），对增量配电投资放开做了明确的限定，对增量配电市场有明显的促进作用。

四年来，随着电力改革部署全面落地实施，各项试点深入推进，深刻改变行业生态、发展格局、利益关系。这需要国家电网公司继续深入推进电力改革，认真落实中发〔2015〕9 号文及其配套文件精神，按照“管住中间、放开两头”的改革思路，积极稳妥推进增量配电和现货市场建设试点，加强试点工作总结和评估。配合做好输配电价改革，按照“准许成本加合理收益”的原则，为电网可持续发展争取合理电价机制。按照“统一市场、两级运作”原则，加快统一电力市场体系建设，发挥电力交易机构作用，扩大市场化交易规模和比重。

第五节　守正创新、改革发展

站在新的发展起点上，国家电网公司在发展能力、综合实力、国际影响力等方面显著提升，完全有能力、有条件率先建成具有全球竞争力的世界一流企业，实现更高层次、更高水平发展。

但同时，未来一段时期，社会和经济发展形态、能源发展趋势、企业发展形势复杂多变。电网发展遇到新的更大的挑战，企业经营面临更高的要求。

在这样的大环境下，包括国家电网公司在内的能源电力企业都到了转型升级的关键时期，必须要打破传统的思维模式，在技术方面进行变革，在管理理念方面进行创新。

新时代，惟改革者进，惟创新者强，惟改革创新者胜。作为保障国家能源安全、参与全球市场竞争的“国家队”，作为党和人民信赖依靠的“大国重器”，国家电网公司需要带头履行政治责任、经济责任和社会责任，彰显“国网担当”。因此，国家电网公司需要准确把握发展历史方位，认真研判发展面临的形势，既要继续保持优势、引领电网技术的发展，更要站在时代发展的前沿，守正创新、改革发展。

为此，国家电网公司将改变传统的电网发展模式和企业经营方式，顺应并引领能源革命与数字革命融合发展趋势，既要在“能源与电力”方面做文章，更要以互联网思维，在“互联网”方面下大气力，进而实现从传统电网企业逐步向能源互联网企业不断转型升级，朝着具有全球竞争力的世界一流能源互联网企业持续扎实前进。

第三章

"三型两网"基本内涵

当前，随着"大云物移智链"等互联网技术日新月异的发展，特别是以互联网技术为基础、着力于实现"万物互联"的物联网技术的突飞猛进，电网技术面临着新一轮升级发展的契机。同时，社会经济形态的发展和社会主要矛盾发生深刻变化，伴随着国资企业改革的加快和新一轮电力体制改革步入攻坚期，电网企业面临着巨大的挑战与机遇。国家电网公司主动顺应深刻变化的发展形势，积极借鉴互联网技术和运营思维，提出了建设"三型两网、世界一流"战略目标。

第一节　建设"三型两网"的重要意义

建设世界一流能源互联网企业是具有开创性、长期性、复杂性的系统工程。"三型两网、世界一流"战略的实施，有助于推进业务创新、业态创新和商业模式创新，以新理念、新技术改造提升传统业务，优化配置电力和其他能源资源；有助于引领全球电网技术发展，提高运营效率、经济效益和优质服务能力，培育和发展战略性新兴产业，打造具有世界一流竞争力的能源互联网企业。

一、“三型两网、世界一流”与国家发展要求

（一）“三型两网、世界一流”建设是适应三大改革、落实中央部署的重要战略举措

在当前时代背景下，国家电网公司提出“三型两网、世界一流”建设目标，打造社会、电力公司和用户共建共治共赢的能源互联网生态圈，带动产业链上下游共同发展，是适应“国有企业改革、能源供给侧改革、电力体制改革”三大改革、落实中央部署的重要战略举措。

党的十九大报告对做强做优做大国有资本、培育具有全球竞争力的世界一流企业、推进能源生产和消费革命等提出明确要求。习近平总书记多次对推动能源“四个革命、一个合作”、建设能源互联网作出重要指示。这些为国家电网公司各项事业发展指明了前进方向，也提出了新的更高要求。国家电网公司党组不断推进实践基础上的战略创新，在2019年公司“两会”上明确了“三型两网、世界一流”的战略目标，确定了“一个引领、三个变革”的战略路径，作出了抓住3年战略突破期、到2021年初步建成具有全球竞争力的世界一流能源互联网企业的战略部署。这是国家电网公司党组对企业发展战略的再思考、再认识、再提升；是主动对接“两个一百年”奋斗目标、以实际行动向总书记看齐、向党中央看齐的政治担当；体现了树牢“四个意识”、坚定“四个自信”、坚决做到“两个维护”的政治态度和政治自觉。

（二）“三型两网、世界一流”建设是深入贯彻落实党中央最新要求的实际行动

国家电网公司是关系国家能源安全和国民经济命脉的国有重要骨干企业，在保持国家经济社会大局稳定中地位重要、责任重大。“一花独放不是春，百花齐放春满园”。党中央多次对国家电网公司近年来改革发展取得的成绩给予充分肯定，同时要求在做好自身工作、把自身发展好的同时，充分发挥央

企“顶梁柱”的引领力、带动力，放大国有资本功能，全面促进关联企业、特别是中小微企业共同发展，推动整个产业链转型升级。国家电网公司通过大力发展特高压，已经有效带动了制造等上下游产业的发展。现在，全面推进“三型两网、世界一流”建设，打造泛在电力物联网，建枢纽、搭平台、强应用、促共享，让更多市场主体参与能源互联网的价值创造和分享，为全行业发展创造更大机遇和空间，构建开放共建、合作共治、互利共赢的产业生态，展现国家电网公司作为“国家队”和“大国重器”的综合价值。

泛在电力物联网建设是促进电力能源共建、共筹、共享，促进智能化升级的必由之路，不断创新能源互联网新业态，应吸纳更多的社会资源和社会资本介入，积极参与、各尽其能，提升功效、降低能耗，着力促进泛在电力物联网建设，最终实现绿色发展目标。泛在电力物联网体现了以客户为中心的思维方式转变，意味着电网企业通过构建产业生态圈，与合作方共同推进项目，满足政府行业机构、能源客户、供应商、行业伙伴的各类需求，实现互利共赢。

二、“三型两网、世界一流”与自身变革要求

（一）“三型两网、世界一流”建设是国家电网公司适应技术创新和社会发展需要进行自我发展变革、转型升级的必然选择

从内部动因看，国家电网公司面临“能源发展、技术发展、经营管理”三大发展变革，增强企业内生动力是向“世界一流能源互联网企业”转型的必须要求，是加快新旧动能转换、突破发展瓶颈的必由之路。

一是随着电力改革向纵深推进，新增配电和售电侧市场竞争日益激烈，电网企业依靠输电业务扩张和收取过网费的发展道路将越走越窄。特别是当前我国经济下行压力较大，国家持续加大降电价力度，连续两年降低一般工商业电价 10%，电网企业经营面临严峻形势。

二是新一轮科技革命和产业变革正在重塑全球经济结构，尤其是以人工

智能、量子信息、移动通信、物联网、区块链为代表的新一代信息技术加速突破应用，深刻影响着能源电力和经济社会发展，技术之间交叉融合，产业界限越来越模糊，互联网与传统产业跨界融合已成为新常态和大趋势。

这既给国家电网公司带来了前所未有的机遇，也带来了巨大的挑战。在瞬息万变的互联网时代，打败一个企业的往往不是同行竞争对手，而是来自不相关的行业。近年来，国内一大批互联网企业、高科技企业快速进军能源领域，关注的就是能源互联网的巨大价值和发展潜力。全面推进“三型两网”建设，就是要积极顺应跨界融合的大趋势，以建设泛在电力物联网为主攻方向，进一步改造提升传统业务，同时发挥电网企业的平台和资源优势，着力拓展新市场、开辟新领域、打造新业务，大力开拓数字经济这一巨大蓝海市场，不断培育新的增长动能。

在继承现有智能电网与信息化成果的基础上，建设“状态全面感知、数据价值强力发挥、信息高效处理、应用便捷灵活”的泛在电力物联网，为电网运行更安全、管理更精益、投资更精准、服务更优质开辟一条新路，是国家电网公司做好“三大发展变革”的数字化基础支撑要求，也是历史发展的必然选择。

泛在电力物联网建设将提升电网装备和终端设备数字化、智能化能力，通过数据共享彻底打破能源生态体系的数据壁垒，为大数据、云计算、边缘计算以及人工智能等信息处理技术的应用和发展提供广阔的空间，进而衍生出规模庞大的“泛在应用”和“泛在服务”。

（二）“三型两网、世界一流”建设是国家电网公司坚持守正创新、坚定不移做强做优做大公司的战略选择

国家电网公司拥有近 4 万亿资产和 160 万名员工，长期位居世界 500 强企业前列，是全球最大的公用事业企业。国务院国资委将国家电网公司列为创建世界一流的示范企业，对公司寄予厚望。全面推进“三型两网”建设，打造泛在电力物联网，就是为了不忘初心、牢记使命，按照建设具有全球竞

争力的世界一流能源互联网企业的目标要求和“三个领军”“三个领先”“三个典范”的建设标准，守正创新、担当作为，推动国家电网公司持续做强做优做大，抢占全球能源变革和能源互联网产业发展制高点，实现更高质量、更有效益、更可持续的发展。

第二节 “三型两网”的内涵

坚强智能电网和泛在电力物联网互相融合，共同构成能源互联网，以此支撑国家电网公司向枢纽型、平台型、共享型企业转型，服务各类能源客户、带动周边产业生态发展、履行对政府的政治承诺。“三型两网”是建设世界一流能源互联网企业战略目标落地的重要抓手和物质基础，是智能电网建设和先进信息通信技术应用的延续与提升，是电网企业提质增效、创新发展的必由之路，其主要内涵如图 3－1 所示。

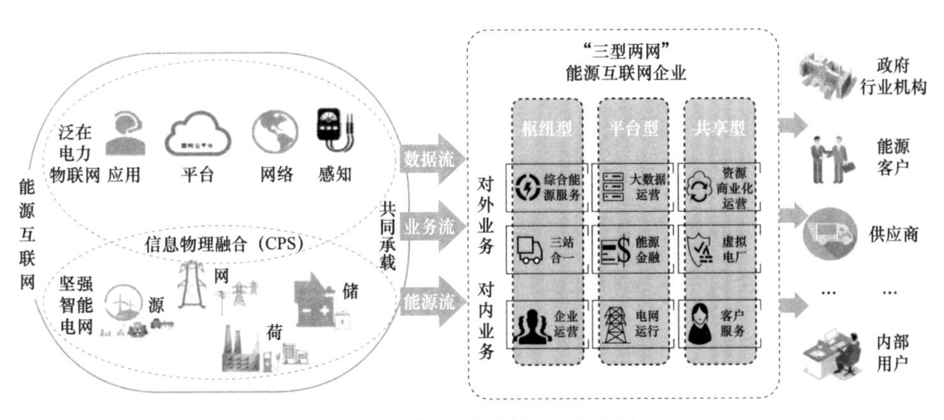

图 3－1 “三型两网”主要内涵

一、打造“三型”企业

打造“三型”企业是建设世界一流能源互联网企业的重要抓手之一。基于能源互联网的功能特点和国家电网公司的责任使命，能源互联网企业必然是具有枢纽型、平台型、共享型特征的现代企业。

枢纽型企业，体现了国家电网公司的产业属性，是指要充分发挥电网在能源汇集传输和转换利用中的枢纽作用，促进清洁低碳、安全高效的能源体系建设，为经济社会发展和人民美好生活提供安全、优质、可持续的能源电力供应，进一步凸显国家电网公司在保障能源安全、促进能源生产和消费革命、引领能源行业转型发展方面的价值作用。

平台型企业，体现了国家电网公司的网络属性，是指要以能源互联网为支撑，以品牌信誉为保障，汇聚各类资源，促进供需对接、要素重组、融通创新，打造能源配置平台、综合服务平台和新业务、新业态、新模式发展平台，使平台价值开发成为培育国家电网公司核心竞争优势的重要途径。

共享型企业，体现了国家电网公司的社会属性，是指要树立开放、合作、共赢的理念，积极有序推进投资和市场开放，吸引更多社会资本和各类市场主体参与能源互联网建设和价值挖掘，带动产业链上下游共同发展，打造共建共治共赢的能源互联网生态圈，与全社会共享发展成果。

二、建设运营好“两网”

建设运营好“两网”是建设世界一流能源互联网企业的重要物质基础，主要内容是开展坚强智能电网和泛在电力物联网建设。

坚强智能电网是指，以特高压、超高压电网为骨干网架，各级电网协调发展，具有信息化、自动化、互动化特征和智能响应能力、系统自愈能力的

新型现代化电网。坚强智能电网是能源互联网的核心组成部分，是承载电流的实体电力传输网，为能源互联网的电力连通提供最基本的输电、变电、配电等能力支撑。

在建设坚强智能电网方面，要持之以恒地做好特高压骨干网架及各级电网的建设运营和协调发展，不断提升能源资源配置能力和智能化水平，更好地适应电源基地集约开发和新能源、分布式能源、储能、交互式用能设施等大规模并网接入的需要，满足人民群众日益多样的服务需求。打造坚强智能电网是国家电网公司适应技术创新和社会发展需要的必然选择，必须坚定信心、坚持不懈、加快发展。

泛在电力物联网是指，围绕电力系统各环节，充分应用移动互联、人工智能等现代信息技术、先进通信技术，实现电力系统各个环节万物互联、人机交互，打造状态全面感知、信息高效处理、应用便捷灵活的智慧服务系统。泛在电力物联网是能源互联网的信息神经网络，为智能电网的互联互通与信息共享提供信息通信基础能力支撑，承担着智能电网的信息反馈、监测与控制等功能。

在建设泛在电力物联网方面，要运用新一代信息技术，将电力用户及其设备、电网企业及其设备、电工设备企业及其设备连接起来，通过信息广泛交互和充分共享，以数字化管理大幅提高能源生产、能源消费和相关装备制造的安全水平、质量水平、先进水平、效益效率水平。

三、瞄准“世界一流”

瞄准“世界一流”是建设世界一流能源互联网企业的奋斗标杆。打造世界一流，关键是提升企业全球竞争力。国家电网公司要对照国资委“三个领军”“三个领先”“三个典范”标准，结合企业实际，努力在优化配置国际电力资源、引领全球电网技术发展、具有全球能源转型发展话语权和影响力方面成为领军企业，在运营效率、经济效益、优质服务方面成为领先企业，在践行新发展理念、履行社会责任、打造全球知名品牌方面成为典范企业。

四、“三型”与“两网”

“两网”是电网企业运营的资源基础，“三型”是在资源基础上开展运营的行为特征和模式；“三型两网”是一个有机整体，两者是特征与基础的关系，两者也是手段与目标的关系，国家电网公司将通过建设运营好“两网”实现向“三型”企业转型。“三型”与“两网”之间的关系如图 3－2 所示。

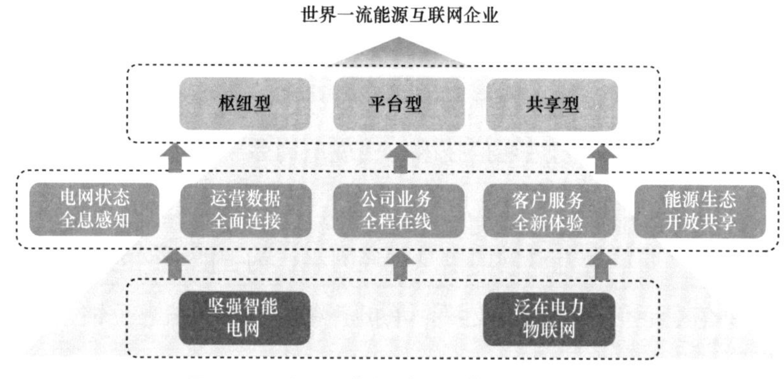

图 3－2 “三型”与“两网”之间的关系

“两网”是“三型”的重要物质基础与核心载体，“三型”是“两网”的重要价值体现与充分发挥，两者的融合覆盖了电力服务价值链，实现了电网状态全系感知、运营数据全面连接、业务全程在线、客户服务全新体验、能源生态开放共享，创新了电网新一代商业模式，发挥了互联网时代的电网特性与最佳价值。

五、“两网”与能源互联网之间的关系

（一）“两网”无缝连接和深度融合

“两网”融合的本质是物理网与互联网融合，即物网合一。基于电网各个环节的物理连接，通过对各环节核心装备、装置的状态感知，提高供需匹配度，有助于决策与控制，实现能源流、业务流、数据流的“三流合一”；通过价值形态多元化和对需求的动态感知，形成价值链条的全程在线与最优化，实现价值形态的提升以及模式创新。

泛在电力物联网是坚强智能电网实现生态互联的技术支撑手段，“两网”融合发展将使电网从传统的工业系统向平台型系统转变。从发输变配用的能源流动环节看，高效连接发电企业及其设备、电网企业及其设备、各类新能源与储能设施、电力用户及其设备、电动汽车等新兴用电设备，实现源—网—荷—储互动、电能替代、能效互动等多元素和差异化的服务，实现供给侧和消费侧的高效匹配。从电网企业周边看，可以将电工装备企业及其设备连接起来，通过信息广泛交互和充分共享，以数字化管理大幅提高能源生产、能源消费和相关装备制造的安全水平、质量水平、先进水平、效益效率水平。

泛在电力物联网是坚强智能电网发挥建设成效的保障。坚强智能电网能不断提升能源资源配置能力和智能化水平，更好地适应电源基地集约开发和新能源、分布式能源、储能、交互式用能设施等大规模并网接入的需要，满足人民群众日益多样的电力服务需求。泛在电力物联网为智能电网的安全经济运行、提高经营绩效、改善服务质量，以及培育发展战略性新兴产业，提供强有力的数据资源支撑。它所具备的全面感知与协同处理能力，可以全方位提高智能电网各环节的信息感知深度和广度，有助于提升电力系统分析、预警及灾害防范能力。通过实现数据的一次采集、处处应用，推动业务系统从垂直结构向水平化演进，引导电力业务系统向着架构更优化、运行更高效、

决策更智能、附加值更高的方向发展。

（二）“两网”深度融合形成能源互联网

承载电流的坚强智能电网与承载数据流的泛在电力物联网，相辅相成、融合发展，共同构成能源流、业务流、数据流“三流合一”的能源互联网。

能源互联网是指，以电为中心，以坚强智能电网与泛在电力物联网为基础平台，深度融合先进能源技术、现代信息通信技术和控制技术，实现多能互补、智能互动、泛在互联的智慧能源网络。能源互联网是互联网与能源生产、传输、存储、消费以及能源市场深度融合的能源产业发展新形态，是能源电力基础设施和先进的 ICT 技术、互联网技术的融合，利用传感技术对各接入部分进行实时监测，借助大数据、人工智能、物联网技术，将分布自治和广域协调的调度和控制方式相结合，增强系统灵活性，提高新能源消纳水平，最终目标是要构建一个以电力系统为核心与纽带、多类型能源网络和运输网络高度整合的能源供用生态系统，从而实现能源生态圈的智能自洽、平等开放、绿色低碳、安全高效和可持续发展。

智能电网与泛在电力物联网的智能化水平提升，将会促进“两网”深度融合，形成强大的价值创造平台，使电网的自动化、智能化、集成度得到提升，大大提高电力设备的使用效率，降低电能损耗，使电网运行更加经济和高效。

坚强智能电网和泛在电力物联网是能源互联网的具体实现形式。形象地讲，坚强智能电网更像是人体的骨骼、肌肉和血管，是支撑电力系统“能源流”（人体血液）的安全稳定传输的物质基础；泛在电力物联网更像是人体的神经系统和脉络，实现电力系统“源—网—荷—储”各环节“信息流”的末梢采集和归集处理。两者紧密配合才能真正实现能源互联网的经济、高效、安全运行。

“三型两网、世界一流”战略目标下的能源互联网建设，通过互联网新技术的运用，实现全面感知、精准预测和智能决策，带来质量变革；实现

体制创新、快速响应，带来效率变革；实现技术创新和模式创新，带来动力变革。

第三节 “三型两网”的建设要求

一、“三型两网”建设的基本要求

“三型两网”建设将进一步推动国家电网公司的业务转型，并对电网运行与企业运营的各个方面提出更高的要求。

在建设枢纽型企业方面，要进一步发挥电网连接发电企业和用户的枢纽作用，保障电力安全可靠供应；发挥电网在多能转换利用中的枢纽作用，提高能源综合利用效率，满足用户各种用能需求；发挥电网在新一轮能源变革中的枢纽作用，促进清洁低碳、安全高效的能源体系建设。在建设平台型企业方面，进一步打造能源配置平台，建设大电网、培育大市场，促进能源电力资源大范围优化配置；打造综合服务平台，实现内外部服务资源与服务需求高效对接，促进电网业务升级；打造新业务新业态新模式发展平台，开辟新领域新市场，打造能源互联网产业集群。在建设共享型企业方面，进一步积极推进投资开放，发展混合所有制经济，推进投资主体多元化；积极推进市场开放，完善电力市场体系，扩大用户选择权，形成有效竞争的市场格局；积极履行政治责任、经济责任和社会责任，引领行业生态进化，实现产业上下游、中小微企业共同发展。

在坚强智能电网方面，要在现有电网架构基础上进一步建设结构完善、安全高效的坚强网架，建设现代化配电网，建设先进的生产调度控制系统，进一步提高电网智能化水平。在泛在物联网方面，需要充分利用先进的信息和通信技术，加强“国网芯”等关键技术攻关，实现内外部数据的融通共享，进一步强化对内和对外业务的全面支撑，实现对电网运行和企业运行相关需求的“敏捷响应、随需迭代”。

二、泛在电力物联网的建设要求

目前，国家电网公司作出了两个阶段的战略安排：第一个阶段，到 2021 年初步建成泛在电力物联网，基本实现业务协同和数据贯通，初步实现统一物联管理，公司级智慧能源综合服务平台具备基本功能，支撑电网业务与新兴业务发展；第二个阶段，到 2024 年建成泛在电力物联网，全面实现业务协同、数据贯通和统一物联管理，公司级智慧能源综合服务平台具备强大功能，全面形成共建共治共赢的能源互联网生态圈，电网安全经济运行水平、公司经营绩效和服务质量达到国际领先，能源互联网产业集群发展达到国际领先。

（一）泛在电力物联网的内涵

泛在电力物联网是应用于电网的工业级物联网，是指任何时间、任何地点能够把用户及其设备、电网企业及其设备、发电企业及其设备、电工装备企业及其设备等和电力相关的“物”都连接起来，进而实现信息连接和交互。

泛在电力物联网是物联网技术在电力行业的具体应用与落地，它在推动相关技术变革的同时，更强调管理思维的提升和管理理念的创新，对内重点是质效提升、对外重点是融通发展。泛在电力物联网在技术和应用范围上比传统物联网概念有本质的扩大和提升，属于工业互联网范畴，是数字革命在能源电力领域迅猛发展的必然产物。

泛在电力物联网在传统物联网技术的基础上，广泛应用大数据、云计算、移动互联、人工智能、区块链、边缘计算等信息技术和智能技术，实现电力系统各个环节万物互联、人机交互，大力提升数据自动采集、自动获取、灵活应用能力，对内实现“数据一个源、电网一张图、业务一条线”“一网通办、全程透明”，对外广泛连接内外部、上下游资源和需求，打造能源互联网生态圈，适应社会形态、打造行业生态、培育新兴业态，支撑“三型两网”世界一流能源互联网企业建设。

（二）泛在电力物联网的构建

1. 加强顶层设计

建设泛在电力物联网是关系国家电网公司全局的战略任务，做好顶层设计，提高工作的系统性、整体性和协同性是首要任务。通过顶层设计统一标准体系、技术路线、通信协议、接口标准、数据规范，统筹开展好重点工程建设、关键技术攻关、生态体系建设等工作。

2. 坚持需求导向

互联网业务最显著的特点是应用驱动，应用成效好坏取决于能不能有效满足需求。重点需要围绕提高电网效能、强化精益管理、培育新兴业务、拓展增值服务等方面，全面梳理业务需求、客户“痛点”、服务“盲点”，明确系统建设和功能应用的发力点。对涉及电网安全、客户服务、通信基础设施、重大产业发展等共性需求进行统一部署、集中资源、协同发力；对一些个性需求、定制需求，按需开展、逐一突破。真正树立互联网思维，以客户为中心，从客户视角进行思考，把需求导向、应用驱动贯穿泛在电力物联网建设始终，促进国家电网公司管理升级、服务升级、业务升级，让电网运行更安全、规划更科学、投资更精准、服务更优质、管理更精益，更好引领和带动产业链上下游发展。

3. 注重实用实效

经过十多年的信息化建设，国家电网公司现在具备国内一流的信息网络基础设施，拥有近 160 万 km 的光纤，骨干通信网基本覆盖 35kV 及以上变电站，接入智能电表等各类终端 5.4 亿余台（套），运营全国最大的智慧车联网平台和光伏云网，这些是建设泛在电力物联网的重要物质基础。建设泛在电力物联网必须认真评估目前国家电网公司信息通信系统在网络互联、数据采集、功能应用等方面的功能状况，优先用好现有网络基础设施和各类系统；同时对照泛在电力物联网建设的需求，坚持缺什么补什么，突出核心功能，强化精准投资，开设绿色通道，抓重点、补短板、强弱项、提效能。

4. 整合数据资源

建设泛在电力物联网需要大数据、云计算，而大数据、云计算的前提是信息集成、数据共享。国家电网公司将大力推进信息系统整合，深化统一平台建设，下大力气消除数据壁垒，通过大数据中心建设加快形成跨部门、跨专业、跨领域的一体化数据资源体系，推进数据汇集融合共享，实现“一次录入、全局共享”和“一个数据用到底”，把基层一线员工从重复繁琐的数据录入中解放出来。同时着力提高数据分析应用水平，深挖大数据价值，既有效促进管理和服务提升，又为开展增值业务提供有力支撑。

5. 坚持创新驱动

建设泛在电力物联网是一场突破现状的全新实践，缺乏可借鉴的经验，必须把创新作为第一动力，依靠自主创新推进建设工作。国家电网公司将加强关键技术攻关及核心产品研发，加快制定泛在电力物联网关键技术研究框架，聚焦智能芯片、智能传感及智能终端、物联网平台、人工智能等基础性、前瞻性、战略性关键技术，以及能源路由器、“三站合一”成套设备等核心产品，集中力量开展攻关，尽快突破技术瓶颈，形成自主知识产权。同时把安全作为重中之重，全力攻克关系网络安全的核心技术，加快构筑全场景安全防护体系和服务体系，为各类物联网业务做好安全服务保障。在建设过程中尊重基层首创精神，集众智、汇众力，大众创业、万众创新，持续为泛在电力物联网建设添油加力，并加强与互联网企业、国内外同行、相关高科技企业、金融企业、制造企业和研究机构的合作，广泛吸纳和应用业界先进的成果，开门搞创新、搞建设。

6. 坚持分类推进

细化并明确重点任务，区分不同情况，实施分类指导，科学评估成效，及

时总结行之有效的经验做法和模式，并推广应用。对统一建设任务，细化任务目标，列出年度里程碑计划，加强过程管控，强化督查督办，确保务期必成。对专项试点任务，主动尝试，为整体建设提供典型经验和实践标杆。对创新探索研究任务，组织力量开展系统深入研究，形成高含金量的成果，为下一步开展工作提供有益参考。

7. 加强组织领导

建设泛在电力物联网，涉及各层级、各领域、全业务，内在关联性和互动性很强，必须通盘考虑、精心组织、系统推进。国家电网公司组建了互联网部，明确了专门的研究支撑机构。通过强化组织领导、优化组织体系，树立强烈的互联网思维，以开放思维、创新思维、用户思维、迭代思维推进各项工作。互联网部牵头抓总，相关部门、各单位协调联动、有机衔接，结合“放管服”改革，对管理模式进行优化调整，层层把责任压紧压实，形成适应泛在电力物联网建设要求的新格局。

（三）泛在电力物联网的建设原则

建设泛在电力物联网包括四条原则：统一标准，鼓励创新；继承发展，精准投资；集约建设，共建共享；经济实用，聚焦价值（如图 3－3 所示）。

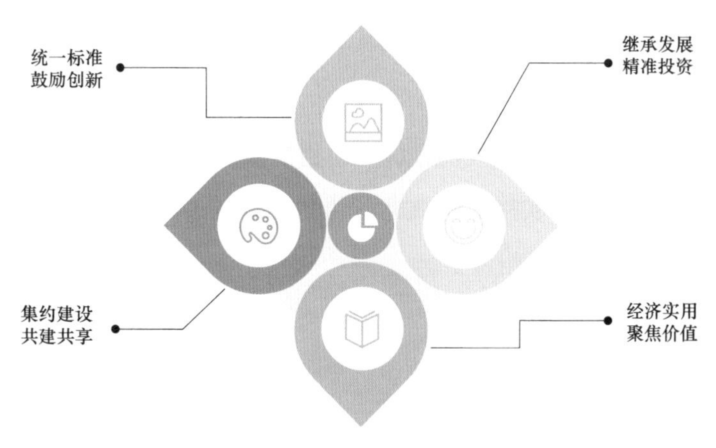

图 3－3 泛在电力物联网建设原则

原则 1：统一标准，鼓励创新

（1）坚持统一数据管理，系统建设必须严格遵循公司统一的 SG－CIM 数据模型和数据采集、定义、编码、应用等标准，确保数据共享。

（2）坚持统一应用接口、统一门户入口、统一技术路线，确保应用横向互联、纵向贯通。

（3）坚持顶层设计和基层创新相结合，鼓励基层单位因地制宜，先行先试。

原则 2：继承发展，精准投资

（1）在现有基础上缺什么补什么，整合完善，打通数据，避免推倒重来，需要什么开发什么，哪里薄弱加强哪里。

（2）技术性和经济性均可行的，大力推广；技术上可行但经济性待评估的，试点储备；投入较大，短期内看不到效果的，不大范围示范。要把谁用、如何用、使用频度作为是否立项的原则，确保精准投资。

（3）通过新技术应用实现节约投资。

原则 3：集约建设，共建共享

（1）统筹企业内部建设成果，避免重复投资开发和试点示范，推动成果共享复用，发挥集约效应。

（2）各业务终端应充分考虑所有其他专业需求，配用电侧采集装置、通信资源、边缘计算、数据资源跨专业复用，推动各专业共建共享。

（3）加强外部成熟技术合作，统筹内外部资源高效推进，确保高质量发展。

原则 4：经济实用，聚焦价值

（1）泛在电力物联网建设的关键是应用，要充分考虑实用性、经济性和基层应用的便捷性，在实用、实效上下功夫，实用才有实效，让一线人员更好用、更愿用，为基层班组减负。

（2）要聚焦价值作用发挥、政府社会关切、客户极致体验、企业核心业务、新兴业务发展。

第四章

“三型两网”建设

建设运营好坚强智能电网和泛在电力物联网，是建设具有全球竞争力的世界一流能源互联网企业的重要物质基础。而加快推进泛在电力物联网建设是当前国家电网最紧迫、最重要的任务。

本章分别对国家电网公司如何建设运营坚强智能电网，尤其是泛在电力物联网进行了深入分析与讨论，为国家电网公司各部门、各单位开展“三型两网”建设提供借鉴与参考。

第一节 坚强智能电网建设

一、建设目标

能源互联网由承载电力流的坚强智能电网与承载数据流的泛在电力物联网共同构成，两张网相辅相成、融合发展，形成强大的价值创造平台，实现能源流、业务流、数据流“三流合一”。一方面，通过坚强智能电网建设，研究清洁低碳、安全高效的坚强智能电网技术，保障能源电力可靠、优质供应，支撑电网成为能源综合利用枢纽和资源优化配置平台，持续提升电网的资源配置能力和智能化水平，适应电源基地集约开发和新能源、分布式能源、储能、交互式用能设施等大规模并网接入的需要；另一方面通过开展坚强智能电网应用实践，大幅提升电网的灵活控制和传输能力，推动柔性负荷、储能、分布式电源以及各类用能设备之间协同互动，引导电源侧、用电客户侧深度参与系统调节，增强电网的适应性和抗干扰能力，全面支撑大电网安全运行、清洁能源高比例消纳、电力市场化运作。

二、建设内容

（一）电网形态与规划

结合技术发展、外部需求等提出未来电网结构形态及规划方法。融合现代信息技术，集成能源互联网全流程规划，构建智慧化规划应用平台，支撑未来电网发展技术路线和多能源联合送出的系统协调规划。形成适应高比例新能源接入的交直流混联电网规划体系，掌握智能配电网与泛在电力物联网融合发展的协同规划技术，支撑新能源多级接入规划，实现物联网数据与配电网规划融合应用；提出适用于泛在电力物联网的低压交直流混联配电系统规划设计技术，实现不同能源品种与用能主体间融合规划和综合优化，形成多能源流、多信息流与电网规划间的协同与价值提升。

（二）大电网安全控制

构建未来电力系统认知技术体系，掌握未来电力系统的运行特性与稳定机理，对未来电力系统可认知、可仿真、可研究；构建未来电力系统稳态控制技术体系、大电网运行评价体系、未来电力系统故障防御体系；形成电力电子设备广泛应用于电力系统的安全稳定控制保护基础理论，建立全域信息感知的二次设备状态及运行评价体系，实现电网继电保护的云整定计算，清洁能源、常规电源、受端负荷具备实时协同控制能力；构建适应大量广泛信息交互的二次系统，建成以局部自治为主，具备自我校正、全网协防的全景安全稳定防御系统，实现电网控制保护三道防线统一模拟和管理。

（三）大规模新能源并网控制

基于大数据挖掘的新能源数据分析及功率预测平台，提供年/月/日内等不同时间尺度和全国/区域/省/场站等不同空间尺度下各类特征指标及其分布规律结果，为新能源优化调度提供支撑。研究新能源发电并网主动支撑技术，实现新能源发电并网从“被动执行”到“主动支撑和自主运行”的转变，支撑系统的电压、频率稳定，提高新能源消纳水平。研究集中式和分布式新能源集群并网的优化运行技术，提高新能源集群并网的精细化控制水平，提高并网系统的稳定性和经济性。通过新能源发电的多能互补优化调度、源—荷互动协调控制和跨区域送受端协调控制，有力保障新能源跨省跨区高效消纳。研究分布式光伏云调度控制技术，实现全覆盖的分布式光伏的数据建模和分布式光伏 100%可观、可测和可控，保障分布式光伏集群友好并网消纳。

（四）调度自动化

构建适应电网运行高动态、高维度、多模式特征的智慧型调度控制技术支撑体系，实现大电网的全景可观、趋势预判、全局可控、在线调度决策和多级调度协同自动控制，提高调控运行数据分析挖掘水平，全面支撑高比例清洁能源消纳和现货市场运行，支撑能源互联网安全可控、智能互动。建立广域资源协同、多时间尺度协调的安全防御体系，实现电力系统的可观、可判和可控。构建电网智慧型调度控制技术支撑体系，实现大电网在线决策与电网紧急闭环控制的联动，对电网故障的实时跟踪分析从分钟级提升为秒级，全局共享调峰、备用、调频等可调可控资源。从需求侧管理、电网、区域、新能源等维度开展精细化多维度分析，有效提升电网新能源消纳能力。结合当前电力体制改革的大环境，针对不同类型的柔性负荷资源的响应特性，开发计及负荷资源的发用电协调控制系统，提升电网的调节能力，助力新能源大规模发展和大范围资源优化配置。

（五）输变电装备

掌握适应新型电网的电网潮流及柔性控制技术、新能源次同步振荡的宽频抑制技术、交直流组网技术，提升新能源集群并网稳定性，降低次同步振荡风险，促进新能源消纳。攻克直流潮流控制器、多电压等级多端混合换流阀和直流组网设备的系统设计和装置研制等关键技术，提高柔性电网节点装备的整体性能，提升对电网的柔性控制能力。解决核心元部件制造工艺等技术难题，实现高端电力电子装备运行状态实时监测和全寿命周期管理，降低系统失效、减能、检修概率，提升运行效益。在高端线缆及配套装备方面实现重大突破，支撑我国远（深）海风电资源大规模开发利用，实现可再生能源的高效汇集与送出。构建能源互联网装备支撑体系，实现高端交直流输变电设备核心技术自主创新，提高输变电装备对各类能源和多元负荷接入的适应性，满足跨大区交直流混联电网、多形态交直流混联配用电网网架建设、调控自动化、运维等对装备的需求。

（六）输变电工程设计施工与环保

提出未来广义直流电网的整体拓扑技术方案，构建广义直流电网仿真分析和验证平台；形成指导工程建设的直流电缆规范、敷设及接续标准；提出远海大容量风电集群经柔性直流送出成套设计技术和运行控制技术，构建海上直流电网；实现输变电工程勘测数据的统一管理、高效共享利用；攻克输变电工程设计快速数字化建模难关，掌握模型间互通互动技术，实现输变电工程自主设计。提出大电网建设智慧工地系统成套技术；研制智能化施工装备，实现高风险作业智能化施工，构建施工装备全寿命管控平台；提出高压大容量电力电子系统的电磁兼容优化设计方案与试验评估方法。

（七）配电网与分布式电源并网

掌握考虑运行灵活性的配电网综合优化规划方法，突破融合电/气/热等多

类型综合能源的区域能源互联架构技术。突破支撑区域能源互联的配电系统柔性控制与保护、自愈与安全管控关键技术。突破配电终端智能感知、快速处理与加密认证的轻量级芯片化实现技术，实现配电物联网全环节、全节点实时感知、风险动态评估、故障主动研判；探索实现电力终端云运维模式、带电作业机器人等新技术应用；突破配电设备健康精确诊断技术，推动配电运维向健康主动预防转变；统一营配调数据模型，实现营配调业务贯通；建立配电物联网生态环境，构建基于软件定义的高度灵活和分布式智能协作的配电网络体系。掌握交直流混合灵活配电关键装备及组网运行技术，研制融合冷、热、电、气、水等多形式能源以及交直流多电压等级灵活配电单元系列装备，实现能量灵活转化、变换、传递、管理及电能质量治理；突破直流配电网规划、控制、运行、保护等区域性配电网的关键技术，研发区域直流配电系统关键装备，实现城市负荷中心等典型应用场景的区域直流供电；突破考虑网络约束的多能互补多目标优化运行与群控群调技术，实现区域分布式供电与微能网的大规模并网与灵活高效互动；突破多合一能源站模块化设计技术，实现城市基础设施的集约化建设。

（八）智能运检

通过智能运检技术体系研究应用，突破传统运检模式在信息获取、状态感知及人力为主作业方式等方面的困局，全面提升设备状态感知能力、主动预测预警能力、辅助诊断决策及集约运检管控能力，提高作业现场实时化、可视化安全技术水平，全面提高运检效率和效益。实现变压器、GIS、隔离开关等一次设备智能化，建成变电设备典型故障样本库、大数据分析平台和资产全寿命管理平台，实现与调度系统的信息互动。采用全天候、户内外、立体全覆盖的自动巡检模式，实现变电站全部巡检自动化、无人化。研制换流变压器、电缆等高可靠性、防爆、防火设备及其组部件，并实现国产化。简化二次系统结构布局和硬件种类，实现一体化设计，模块化安装调试，实现变电站全站集中监视、远方操作、图形化展示。

第二节　泛在电力物联网建设

泛在电力物联网将电力用户及其设备、电网企业及其设备、发电企业及其设备、供应商及其设备以及人和物连接起来，产生共享数据，为用户、电网企业、发电、供应商和政府社会服务；以电网为枢纽，发挥平台和共享作用，为全行业和更多市场主体发展创造更大机遇，提供价值服务。

一、建设目标

（一）总体目标

充分应用“大云物移智链”等现代信息技术、先进通信技术，实现电力系统各个环节万物互联、人机交互，大力提升数据自动采集、自动获取、灵活应用能力，对内实现“数据一个源、电网一张图、业务一条线”“一网通办、全程透明”，对外广泛连接内外部、上下游资源和需求，打造能源互联网生态圈，适应社会形态、打造行业生态、培育新兴业态，支撑“三型两网”世界一流能源互联网企业建设。泛在电力物联网总体建设目标可分为对内业务、对外业务和基础支撑三个部分，如图 4－1 所示。

- 实现数据一次采集或录入、共享共用，实现全电网拓扑实时准确，端到端业务流程在线闭环；
- 全业务统一入口、线上办理，全过程线上即时反映。

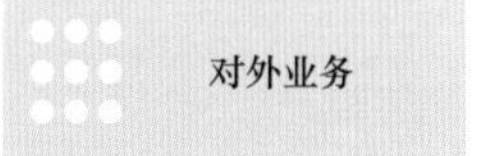

- 建成“一站式服务”的智慧能源综合服务平台，各类新兴业务协同发展，形成“一体化联动”的能源互联网生态圈；
- 在综合能源服务等领域处于引领位置，新兴业务成为主要利润增长点。

- 推动电力系统各环节终端随需接入，实现电网和客户状态“实时感知”；
- 推动全业务数据统一管理，实现内外部数据“即时获取”；
- 推动共性业务和开发能力服务化，实现业务需求“敏捷响应、随需迭代”。

图 4－1　泛在电力物联网总体建设目标

（二）阶段目标

紧紧抓住 2019～2021 年这一战略突破期，通过三年攻坚，到 2021 年初步建成泛在电力物联网；通过三年提升，到 2024 年建成泛在电力物联网。

第一阶段：到 2021 年，初步建成泛在电力物联网。

对内业务方面：基本实现业务协同和数据贯通，电网安全经济运行水平、经营绩效和服务质量显著提升，实现业务线上率 100%，营配贯通率 100%、电网实物 ID 增量覆盖率 100%、同期线损在线监测率 100%、统计报表自动生成率 100%、业财融合率 100%、调控云覆盖率 100%。

对外业务方面：初步建成企业级智慧能源综合服务平台，新兴业务协同发展，能源互联网生态初具规模，实现涉电业务线上率达 70%。

基础支撑方面：初步实现统一物联管理，初步建成统一标准、统一模型的数据中台，具备数据共享及运营能力，基本实现对电网业务与新兴业务的平台化支撑。

第二阶段：到 2024 年，建成泛在电力物联网。

对内业务方面：实现全业务在线协同和全流程贯通，电网安全经济运行水平、经营绩效和服务质量达到国际领先。

对外业务方面：建成企业级智慧能源综合服务平台，形成共建共治共赢的能源互联网生态圈，引领能源生产、消费变革，实现涉电业务线上率 90%。

基础支撑方面：实现统一物联管理，建成统一标准、统一模型的数据中台，实现对电网业务与新兴业务的全面支撑。

二、总体架构

泛在电力物联网通过电源侧、电网侧、用户侧和供应链的全面感知和泛在物联，并基于边缘智能技术，构建物联管理中心和企业中台两大模块；通过数据汇聚、需求导入、数据服务、应用服务，开展对内业务与对外业务建设；在相关保障体系的支撑下，与外部合作伙伴开展广泛接入与合作，共同构建能源生态，打造 7 个生态圈，为内部、外部用户提供全方位服务，建设开放共享、合作共赢的能源互联网。泛在电力物联网总体框架如图 4 – 2 所示。

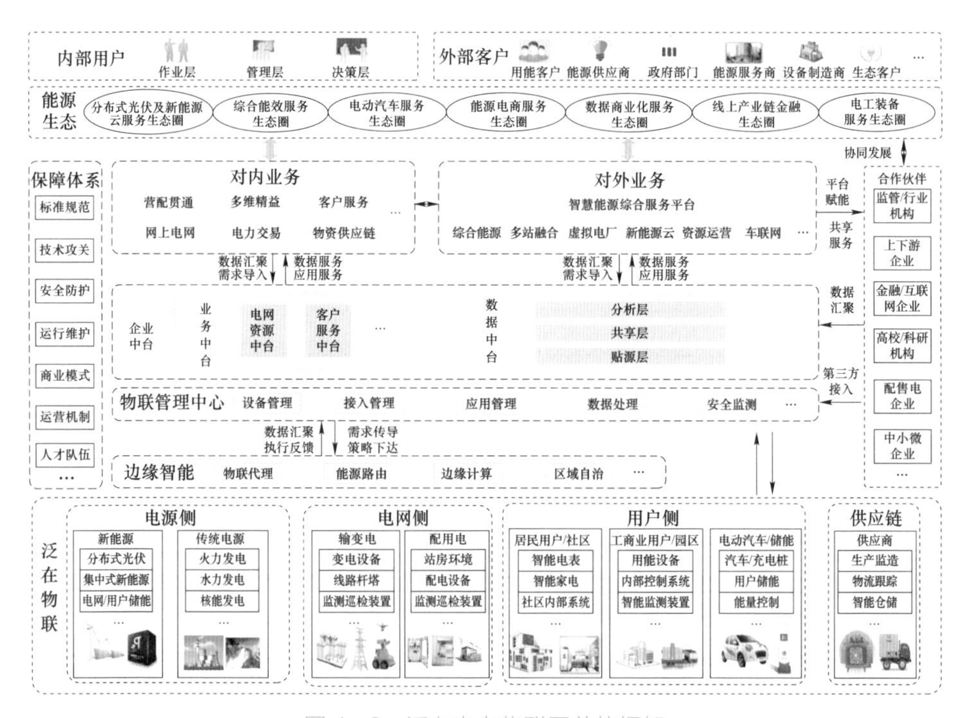

图 4 – 2　泛在电力物联网总体框架

从技术架构上看，泛在电力物联网架构包含感知层、网络层、平台层、应用层四层结构，如图 4－3 所示。通过应用层承载对内业务、对外业务 7 个方向的建设内容，通过感知层、网络层和平台层承载数据共享、基础支撑 2 个方向的建设内容，技术攻关和安全防护 2 个方向的建设内容贯穿各层次。

层次				
应用层	对内业务		对外业务	
平台层	企业中台			
	全业务统一数据中心		物联管理中心	
	一体化“国网云”平台			
网络层	接入网	骨干网	业务网	支撑网
感知层	现场采集部件	智能业务终端	本地通信接入	边缘物联代理

图 4－3　泛在电力物联网技术架构

感知层包含现场采集部件、智能业务中断、本地通信接入、边缘物联代理等 4 个方面。网络层的重点是构建“空天地”协同一体化电力泛在通信网，增强网络带宽，提升网络资源调配能力，实现网络深度全覆盖，包括接入网、骨干网、业务网、支撑网等方面。平台层包括一体化“国网云”平台、全业务统一数据中心、物联网管理中心、企业中台。应用层主要是全面提升核心业务智慧化运营能力，积极打造能源互联网生态，促进管理提升和业务转型，包含对内业务和对外业务两个方面。贯穿各层次的技术攻关主要包括智能芯片、智能传感及智能终端、一体化信息网络、物联网平台、网络信息安全和人工智能等方面。安全防护的重点是开展泛在电力物联网安全顶层设计，建设泛在电力物联网智能安全防控体系，全面做好“端—场—边—管—云”安全防护，实现可信互联、安全互动、智能防御。

三、建设内容

泛在电力物联网建设内容包括对内业务、对外业务、数据共享、基础支撑、技术攻关和安全防护 6 个方面。对内业务主要围绕提升客户服务水平、提升企业经营业绩、提升电网安全经济运行水平和促进清洁能源消纳 4 个方面展开，对外业务包括打造智慧能源综合服务平台、培育发展新兴业务和构建能源生态体系。建设内容如图 4－4 所示。

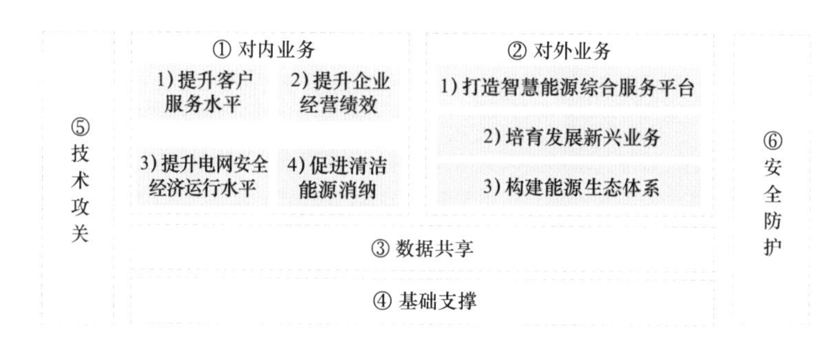

图 4－4　泛在电力物联网建设内容

1. 提升客户服务水平

以客户为中心，开展泛在电力物联网营销服务系统建设，优化客户服务、计量计费等供电服务业务，实现数据全面共享、业务全程在线，提升客户参与度和满意度，改善服务质量，促进综合能源等新兴业务发展。推广“网上国网”应用，融通业扩、光伏、电动汽车等业务，统一服务入口，实现客户一次注册、全渠道应用、政企数据联动、信息实时公开。

以“一网通办”场景为例（见图 4－5），客户使用“网上国网”app，一次填写身份信息，即可一键办理买车、买桩、安桩、接电等多类业务，公开业务办理进度，实时提醒当前状态；客户通过电子签名、签章功能，完成用电业务全过程线上办理，实现“一次都不跑”，提升客户体验；通过分

析客户用能行为，预测客户消费需求，为客户提供精准化营销服务，提升客户黏性。

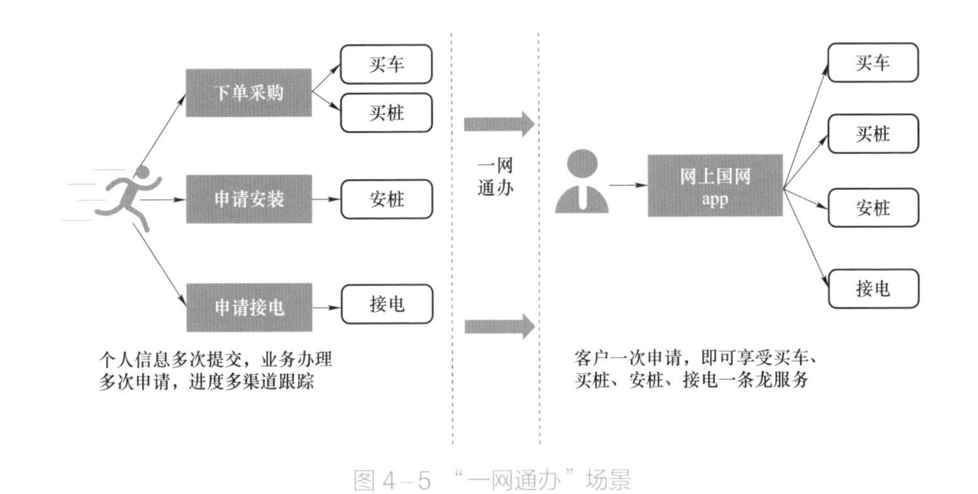

图 4－5 “一网通办”场景

2. 提升企业经营绩效

实施多维精益管理体系变革，统一数据标准，贯通业财链路，推动源端业务管理变革，实现员工开支、设备运维、客户服务等价值精益管理，挖掘外部应用场景，开展价值贡献评价，实现互利共赢。围绕资产全寿命核心价值链，全面推广实物 ID，实现资产规划设计、采购、建设、运行等全环节、上下游信息贯通；建设现代（智慧）供应链，实现供应商和产品多维精准评价、物资供需全业务链线上运作，提升设备采购质量、供应时效和智慧运营能力。

以“实物 ID 应用”场景为例（见图 4－6），利用移动终端扫码方式快速调阅设备参数、缺陷记录、隐患记录、故障记录、巡检记录等信息，提高现场作业效率；检修人员扫描更换物料的实物 ID，建立物料消耗与设备间的对应关系；运检、财务、建设人员扫描设备实物 ID，系统自动比对三方盘点结果；物资人员通过实物 ID，调阅设备相关信息，开展优质供应商和产品精准评价。

图4-6 “实物ID应用”场景

3. 提升电网安全经济运行水平

围绕营配调贯通业务主线，应用电网统一信息模型，实现“站—线—变—户”关系实时准确，提升电表数据共享即时性，构建电网一张图，重点实现输变电、配用电设备广泛互联、信息深度采集，提升故障就地处理、精准主动抢修、三相不平衡治理、营配稽查和区域能源自治水平。立足交直流大电网一体化安全运行需要，引入互联网思维，建设“物理分布、逻辑统一”的新一代调度自动化系统，全面提升调度控制技术支撑水平。打造“规划、建设、运行”三态联动的“网上电网”，实现电网规划全业务线上作业；开展基建全过程综合数字化管理平台建设，推进数字化移交，提升基建数字化管理水平。

以“精准主动抢修”场景为例（见图4-7），基于电能表及配变的停复电上报事件及运行信息，结合低压线路、配变、中压线路支线开关的状态信息，利用供电服务指挥系统智能研判功能，实现故障范围自动判定；先于用户报修之前，生成主动抢修工单，开展自动派发；通过短信平台、微信平台将停电信息推送至用户手机，提高故障抢修效率，提升用户体验。

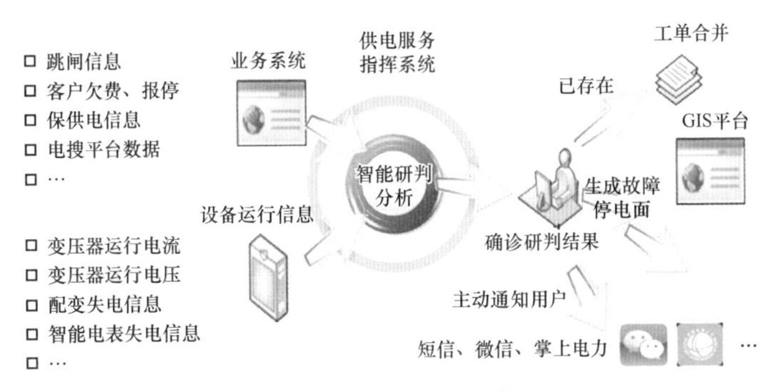

图 4-7 “精准主动抢修”场景

4. 促进清洁能源消纳

全面深度感知源—网—荷—储设备运行、状态和环境信息，用市场办法引导用户参与调峰调频，重点通过虚拟电厂和多能互补提高分布式新能源的友好并网水平和电网可调控容量占比；采用优化调度实现跨区域送受端协调控制，基于电力市场实现集中式新能源省间交易和分布式新能源省内交易，缓解弃风弃光，促进清洁能源消纳。

以“虚拟电厂”场景为例（见图 4-8），通过聚合用户侧可控负荷，提高电网可调控容量占比，提升新能源并网承受能力；将分布式新能源聚合成一个实体，通过协调控制、智能计量和源荷预测，解决分布式新能源接入成本高和无序并网的问题，提高分布式新能源的接纳能力；通过聚集分布式电源、储能设备和可控负荷，实现冷、热、电整体能源供应效益最大化，促进清洁能源消纳和绿色能源转型。

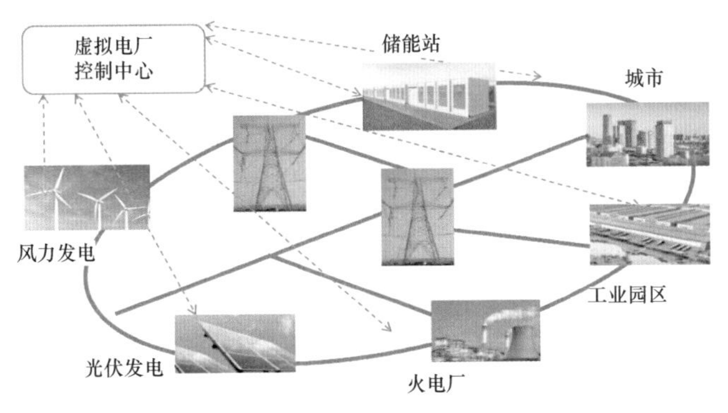

图 4-8 “虚拟电厂”场景

5. 打造智慧能源综合服务平台

以优质电网服务为基石和入口，发挥国家电网公司海量用户资源优势，打造涵盖政府、终端客户、产业链上下游的智慧能源综合服务平台，提供信息对接、供需匹配、交易撮合等服务，为新兴业务引流用户；加强设备监控、电网互动、账户管理、客户服务等共性能力中心建设，为电网企业和新兴业务主体赋能，支撑"公司、区域、园区"三级智慧能源服务体系。

"智慧能源服务一站办理"(见图4-9)为打造智慧能源综合服务平台的一个典型场景，包含引流和赋能两个环节。引流环节整合国家电网公司对外服务应用入口和各类新兴业务供需信息，统一对接总部级企业能效服务共享平台、省级客户侧用能服务平台、新能源大数据平台、车联网、光伏云网、智慧能源控制等系统，发挥规模化集聚效应。赋能环节整合国家电网公司对外服务共性能力，为各类新兴业务主体统一提供并网、监控、计量、计费、交易、运维等平台化共享服务。

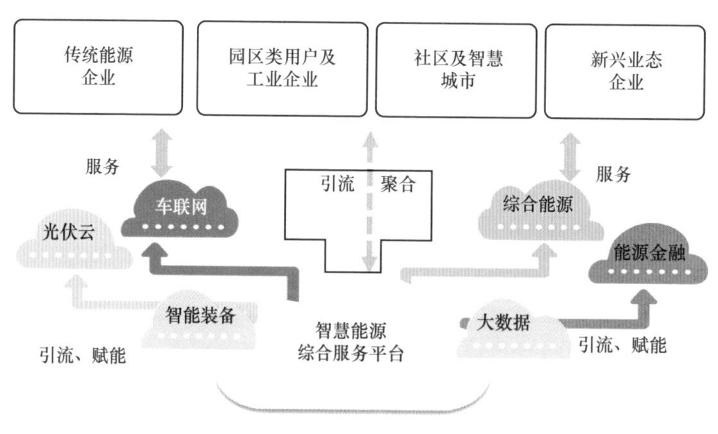

图4-9 "智慧能源服务一站办理"场景

6. 培育发展新兴业务

充分发挥国家电网公司电网基础设施、客户、数据、品牌等独特优势资源，大力培育和发展综合能源服务、互联网金融、大数据运营、大数据征信、光伏云网、三站合一、线上供应链金融、虚拟电厂、基于区块链的新型能源

服务、智能制造、“国网芯”和结合5G的通信、杆塔等资源商业化运营等新兴业务，实现新兴业务“百花齐放”，成为新的主要利润增长点。

“新能源大数据服务”（见图4－10）为培育发展新型业务的一个典型场景，将促进新能源产业发展作为目标，发挥国家电网公司独特资源优势，构建新能源大数据服务平台，开展新能源大数据运营服务新业务。通过汇集发电侧、电网侧、用户侧相关的设备运行、环境资源、气象气候、负荷能耗等各类数据，面向发电企业、综合能源服务商等提供设备集中监控、设备健康管理、能效诊断等多样化服务。

图4－10 “新能源大数据服务”场景

7. 构建能源生态体系

构建全产业链共同遵循，支撑设备、数据、服务互联互通的标准体系，与国内外知名企业、高校、科研机构等建立常态合作机制，整合上下游产业链，重构外部生态，拉动产业聚合成长，打造能源互联网产业生态圈。建设好国家双创示范基地，形成新兴产业孵化运营机制，服务中小微企业，积极培育新业务、新业态、新模式。

一个典型场景是“双创与产业化”（见图4－11），包括建立机制和促进转化两方面。建立机制是利用双创平台，发挥“协作共需、资源共享、众筹众包”的支撑服务作用，汇集创新成果，健全成果转化机制，搭建成果转化平台。促进转化则要建立成果孵化专项基金，遴选市场前景广阔、具有企业化运营潜力的优秀成果，加强技术合作与资本合作，推动创新成果的产业化，培育独角兽企业。

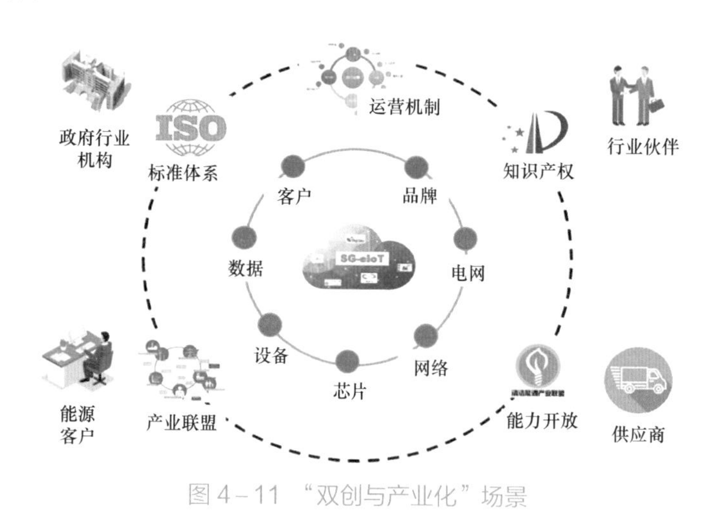

图 4－11 “双创与产业化”场景

8. 打造数据共享服务

基于全业务统一数据中心和数据模型，全面开展数据接入转换和整合贯通，统一数据标准，打破专业壁垒，建立健全企业数据管理体系。打造数据中台，统一数据调用和服务接口标准，实现数据应用服务化。建设企业级主数据管理体系，支撑多维精益管理体系变革等重点工作。开展客户画像等大数据应用，开发数字产品，提供分析服务，推动数据运营。

以“大数据应用”场景为例（见图 4－12），面向国家电网公司内部，实现设备状态预警、售电量和负荷预测、新能源发电功率预测等应用，提升精益化管理水平；面向政府行业，实现宏观经济预测、节能减排政策制订、行业景气指数分析、大数据征信等服务，支撑政府高效精准决策；面向外部企业，实现企业用能优化建议、行业趋势研判、商业选址规划等服务，帮助企业节支增效；面向用电客户，实现家庭用能优化建议、优质服务提升等服务，提升电力客户获得感。

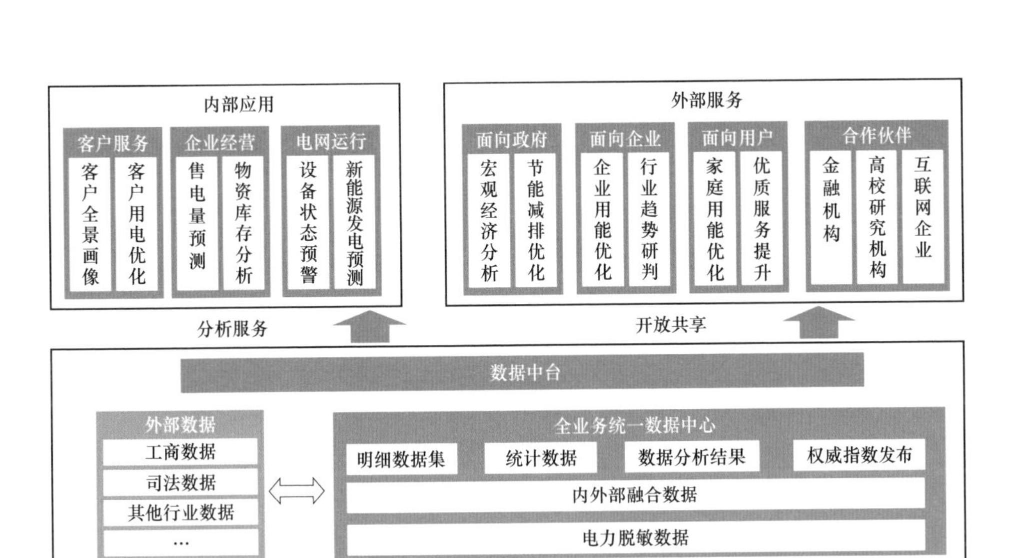

图 4-12 “大数据应用”场景

9. 夯实基础支撑能力

在感知层，重点是统一终端标准，推动跨专业数据同源采集，实现配电侧、用电侧采集监控深度覆盖，提升终端智能化和边缘计算水平；在网络层，重点是推进电力无线专网和终端通信建设，增强带宽，实现深度全覆盖，满足新兴业务发展需要；在平台层，重点是实现超大规模终端统一物联管理，深化全业务统一数据中心建设，推广“国网云”平台建设和应用，提升数据高效处理和云雾协同能力；在应用层，重点是全面支撑核心业务智慧化运营，全面服务能源互联网生态，促进管理提升和业务转型。

以“统一感知”场景为例（见图 4-13），在感知层，实现终端标准化统一接入，以及通信、计算等资源共享，在源端实现数据融通和边缘智能；在平台层，依托物联管理中心构建统一主站，实现各类采集数据“一次采集，处处使用”，挖掘海量采集数据价值，实现能力开放；在应用层，依托企业中台，共享平台服务能力，支撑各类应用快速构建。

图 4－13 “统一感知”场景

10. 技术攻关与核心产品

打造泛在电力物联网系列“国网芯”，推动设备、营销、基建和调度等领域应用。制定关键技术研究框架，完成技术攻关与应用研究，研发物联管理平台、企业中台、能源路由器、“三站合一”成套设备等核心产品，推动基于“国网芯”的新型智能终端研发应用，建立协同创新体系和应用落地机制。

11. 全场景安全防护

构建与国家电网公司“三型两网”相适应的全场景安全防护体系，开展可信互联、安全互动、智能防御相关技术的研究及应用，为各类物联网业务做好全环节安全服务保障。针对泛在电力物联网网络安全存在的数据安全、海量终端接入等安全风险，主要从数据安全、泛在终端安全、智能监测系统、动态防御系统、安全仿真环境等方面开展工作，建设新一代泛在电力物联网安全防护体系。

全场景安全防护体系示意图如图 4－14 所示，其中可信互联指规范泛在电力物联网的终端安全策略管控原则，构建基于密码基础设施的快速、灵活、互认的身份认证机制；安全互动要落实分类授权和数据防泄漏措施，强化 app 防护、应用审计和安全交互技术，实现“物—物”“人—物”“人—人”安全互动；智能防御则实现对物联网安全态势的动态感知、预警信息的自动分发、

安全威胁的智能分析、响应措施的联动处置。

图 4－14 全场景安全防护体系

四、实施路径

围绕三年攻坚目标，统筹开展重点任务建设、关键技术攻关、标准体系制定、生态体系建设、规划计划调整等工作。细化制定 2019 年建设方案，研究编制 2019～2021 三年规划。

重点从大力发展新兴业务、迭代打造企业中台、协同推进智慧物联、同步推进组织优化四条建设主线推进相关建设工作。

大力发展新兴业务：坚持顶层设计和基层首创相结合，按照“平台+生态”的思路，以打造智慧能源综合服务体系为抓手，统一对外业务门户和入口，实现“引流+赋能”，积极构建能源互联网生态圈，推动新兴业务“百花齐放”，带动产业链上下游共同发展。

迭代打造企业中台：以企业级共享服务为核心，逐步沉淀共性业务和数据服务能力，打造企业中台，包括业务中台和数据中台。以业务为导向，优先建设电网资源业务中台和客户服务业务中台；以需求为导向，基于统一数据模型，逐步建设数据中台。

协同推进智慧物联：统一终端功能设计、接入标准和交互规范，研发部署物联管理中心；推进输变电、配用电、客户侧等源—网—荷—储各类型终端标准化接入、跨专业资源复用和统一物联管理；应用人工智能和边缘计算等新技术，实现区域自治、云边协同和能力开放。

同步推进组织优化：动态优化各层级组织机构，打造柔性组织，推动前端融合。优化管理体系，实现管理模式从“条块化”向“共享化”转变，向各级组织和业务赋能。优化新兴业务和产业公司管理模式、市场化用工策略，加大人才引进力度，建立激励措施。

第五章

“三型两网”应用案例

为了加快“三型两网”世界一流能源互联网企业建设，推动研究成果应用，发挥新技术的驱动作用，国家电网公司开展了一系列“三型两网”典型试点建设。本章从对内业务应用案例、对外业务应用案例和基础支撑应用案例三方面，对现有的典型应用案例进行了梳理和总结。

第一节　对内业务应用案例

目前，典型的对内业务应用案例主要包括提高电网安全经济运行水平、促进新能源消纳、提升客户服务水平和提升企业经营绩效四个方面内容。其中，新一代调度控制系统、新一代电力交易平台市场结算和配电网精准主动抢修为提高电网安全经济运行水平的典型应用案例；新能源消纳为促进新能源消纳的典型应用案例；网上国网和新一代智能电表为提升客户服务水平的典型应用案例；实物“ID”建设和现代（智慧）供应链为提升企业经营绩效的典型应用案例。

一、提高电网安全经济运行水平

（一）新一代调度控制系统

1. 概述

随着特高压交直流混联大电网和清洁能源的快速发展，电网特性发生了深刻变化，对大电网一体化控制、清洁能源全网统一消纳、源—网—荷—储协同互动和电力市场化等方面的技术支撑能力提出新要求，现有的调度控制系统在技术架构、基础数据、应用功能和界面友好等方面越来越难以满足电网调度运行的新要求。

国家电网公司于2017年初提出按照大电网调度的理念创新研发新一代调度控制系统，进一步提升电网调度运行的技术支撑能力，保障大电网安全稳定优质运行。

2. 主要内容

新一代调控系统建设遵循“需求驱动、技术先进、标准统一、适度超前”原则，一方面继承D5000系统成果，另一方面引入“互联网+”理念和云计算、大数据及人工智能等新技术。在系统架构方面，采用“物理分布、逻辑统一”的全新架构重构大电网调控技术支撑体系；在应用功能方面，面向调控业务场景设计，重组再造新应用功能，全面适应电网发展对调度控制技术支撑能力的新要求。

新一代调控系统主要包括监控系统、模型数据中心和分析决策中心三部分。监控系统由现有的D5000系统按新架构要求升级而成，支持全局监视和所辖电网实时就地控制，以及基于分析决策中心的全局预想和预判策略，预控潜在风险。模型数据中心以调控云为基础构建，实现全网模型和数据的统一管理和按需使用，为全局分析决策提供统一的电网模型、实时数据和历史数据。分析决策中心则是新系统的创新，将原分散于各调控中心的分析决策

功能相对集中部署，基于模型数据中心的全网模型数据进行全局分析、全局防控、全局决策。

与以往调控系统硬件设备、应用软件全部部署在本地不同，新一代调控系统中除了监控应用在本地外，其他应用基本上都运行在异地的硬件设备上。各调控中心通过就地的实时监控和集中的模型数据管理、分析决策服务，逻辑上构成一套完整的调度控制系统。借助于“物理分布、逻辑统一”的架构优势，实现一个电网、一套模型、一套系统。系统架构变化如图 5－1 所示。

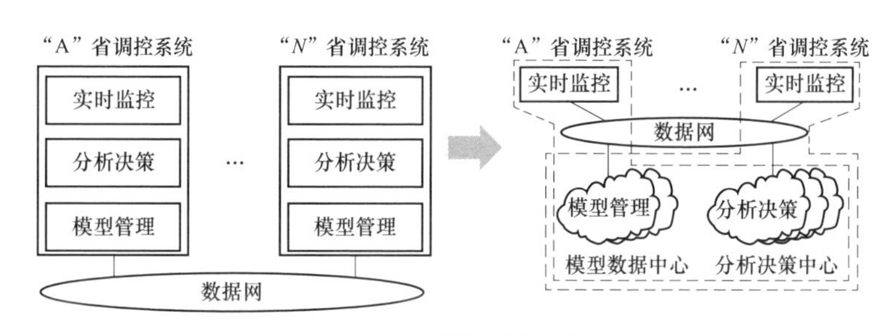

图 5－1　系统架构变化

3. 核心场景应用

（1）特高压输电统一监视。新一代调控系统的全业务信息感知能力对大电网一体化调控带来较多帮助，最典型的应用是特高压输电统一监视（如昌吉－古泉±1100kV 特高压输电线路，全长 3000km，跨越多个气候区，运行环境复杂多变）。国调、分中心、省调按需共享特高压输电线路运行的所有相关信息，包括送受端电网运行方式、沿线气象、潮流数据，和对端故障信息。特高压输电统一监视如图 5－2 所示。

（2）正常状态自适应巡航。基于电网态势感知信息，综合考虑多种因素，执行电网实时平衡控制和安全自校正控制，无需调控人员干预，做到频率、电压、潮流的自主调度和控制，即在电网不发生故障的情况下做到自动调度。正常状态自适应巡航如图 5－3 所示。

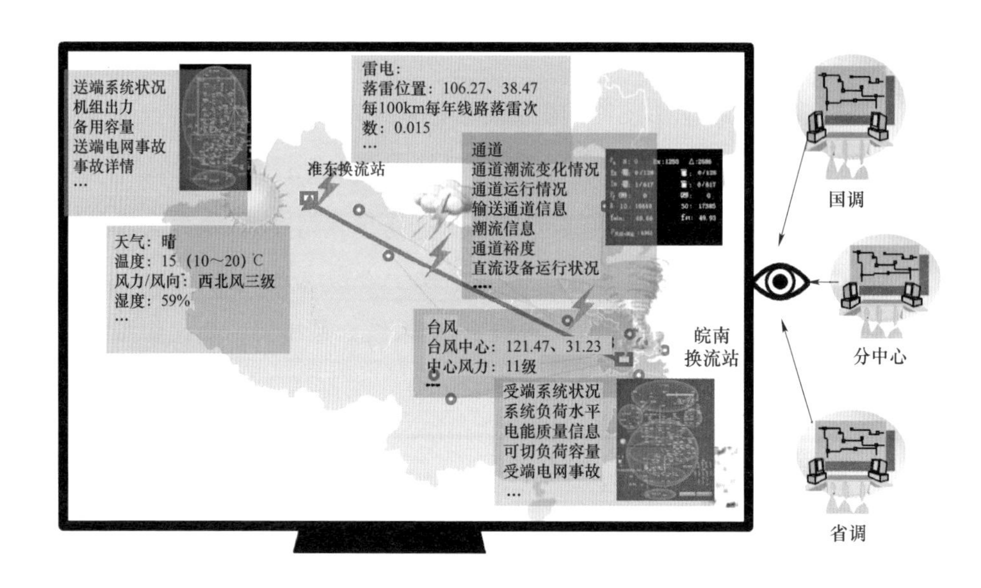

图5-2 特高压输电统一监视

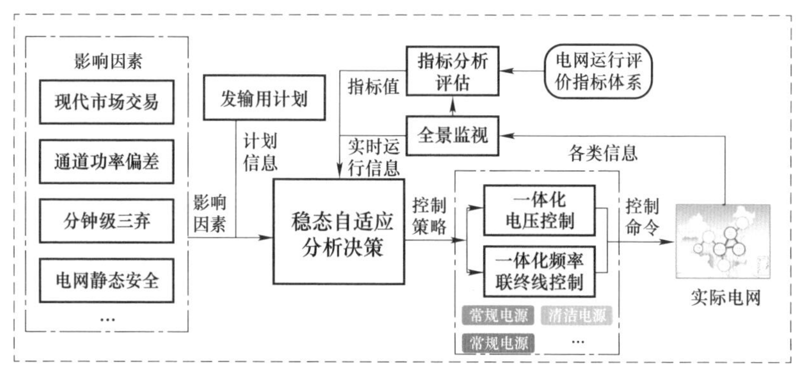

图5-3 正常状态自适应巡航

（3）预调度。将传统调度员培训仿真功能向调度台前移，对调度计划、操作、事故预案、新能源消纳、辅助决策等业务场景进行快速校核，快速推演电网运行趋势的多种路径，对电网连续过程的安全指标演变进行综合展示，帮助调度员提前感知电网未来风险，确定风险防控策略。预调度如图5-4所示。

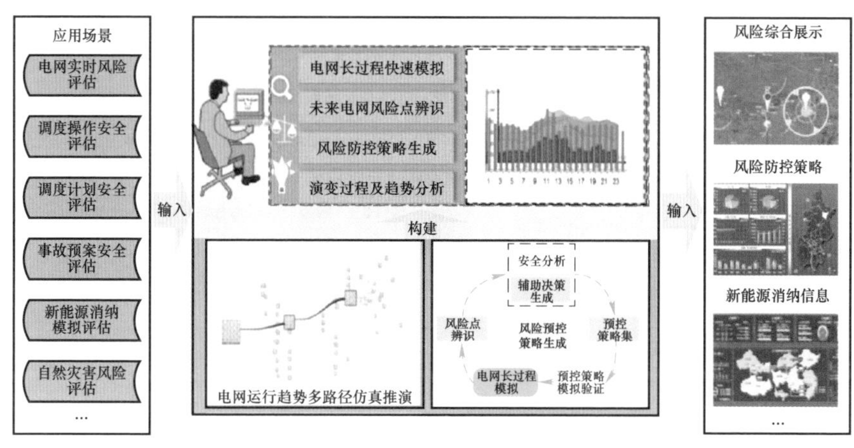

图 5－4 预调度

（4）国/分/省跨区域电力电量统筹平衡。基于送受端发—用电特性分析，结合电网可用输电能力，滚动评估清洁能源全网最大消纳能力，动态制定电力电量全局平衡策略，通过考虑各级调度目标和约束的全网发输电计划协调优化，优化编制跨省区联络线计划，实现调峰、备用等调节资源全局共享，提升清洁能源消纳能力。国/分/省跨区域电力电量统筹平衡如图 5－5 所示。

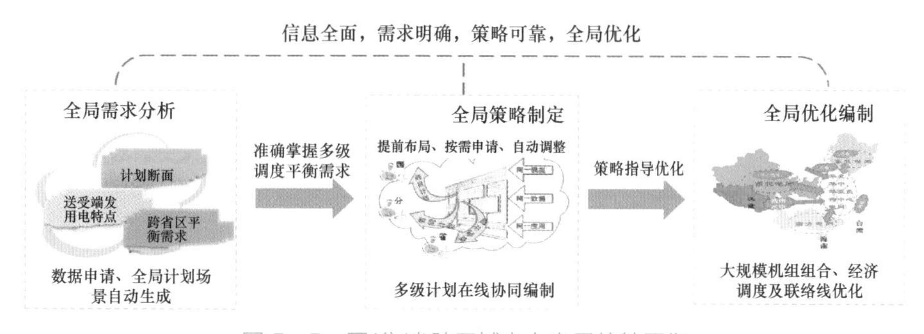

图 5－5 国/分/省跨区域电力电量统筹平衡

（5）柔性负荷参与电网调控。柔性负荷接入负控终端，与系统建立通信联系，参与紧急控制。分散接入的柔性负荷通过使能装置与聚合商通信，以分布式控制或分散式控制模式实现负荷集群调度，集中接入柔性负荷经负控终端或人工方式参与系统调度。柔性负荷参与电网调控如图 5－6 所示。

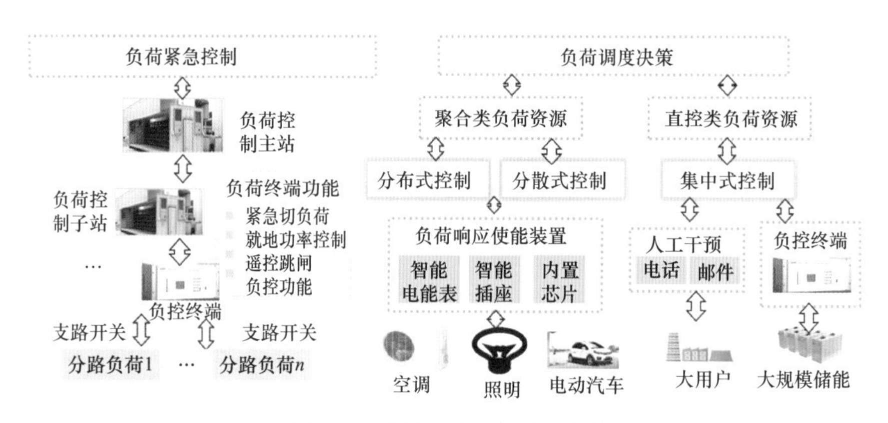

图5-6 柔性负荷参与电网调控

4. 价值与效益

新一代调度控制系统以支撑未来新一代电力系统运行为主要目标，预期取得九大创新突破。与现有系统相比，显著提升大电网调控协同水平、调控效率、清洁能源消纳（电网平衡）的技术支撑能力。

（1）提升调控协同水平。系统架构由“独立部署”向“物理分布、逻辑统一”转变。通过统一的分析决策中心，改变传统调控中心各自独立分析决策的现状，增强协同的物理基础，实现统一分析决策。

信息获取由“部分采集、逐级转发”向“全面采集、透明访问”转变。扩展采集范围，优化共享方式，变实时数据逐级转发为同步处理按需使用，拓宽采样频率范围，提升电力系统可观测性。

电网监控由“局部感知、独立决策”向“全景感知、协同防控”转变。建立电网运行评价指标体系，量化评估电网运行态势，将现有单设备、单厂站告警升级为系统级告警，实现复杂严重故障的协同风险防控。

（2）提升调度控制效率。稳态运行由“人工驾驶”向“自适应巡航”转变。在满足电网安全约束条件下，以自动计算和智能决策为主引导电网自动调度和控制。

仿真模拟由“研究培训”向“预调度”拓展。将培训功能向调度台前移，预先对电网可能的运行状态变化进行全过程模拟、分析、评估和辅助决策，提前掌控电网各种运行态势。

人机交互由“键盘输入、常规展示”向“自然交互、多样呈现”转变。增加新的交互手段，引入移动应用，自动成图展示电网关键运行特征及其关联信息，提供即时通信工具，支撑调控信息的快速流转。

（3）提升清洁能源消纳能力。计划决策由“就地为主、互补余缺”向“时空多维、全局统筹”转变。在全网范围开展电力电量平衡优化，实现全周期发用电平衡有机衔接和滚动执行，全局共享调峰、备用、调频等调节资源。

负荷调度模式由“源随荷动”向“源荷互动”转变。将可调度负荷纳入电力电量平衡，实现柔性负荷与各类电源的联合优化调度，充分发挥负荷长期备用、短期调峰调频等作用。

分布式电源调度实现可观、可测、部分可控。提高分布式电源的发电趋势预测能力，用市场化措施引导分布式电源参与地区电网电力优化平衡，必要情况下实现分布式电源的有功/无功控制。

（二）新一代交易平台市场结算

1. 概述

电力市场的发展使电力交易业务量迅速增长，现有电力交易平台无法满足其需求。国家电网公司新战略体系提出要建设全国统一电力市场，构建“互联网+电力交易”的新一代交易平台。

新一代电力交易平台依托云平台推动电力交易业务创新发展，实现“资源调配更弹性灵活，数据利用更集中智能，服务集成更统一高效，应用开发更快速便捷”的目标，将全面提升交易中心信息化水平。电力市场业务上云运营是构建“互联网+电力交易”新模式的必然趋势，也是全国统一电力市场技术支撑平台由管理型系统向服务型系统转化的关键过程。

2. 主要内容

采用“两级市场”设计要求，满足多业务场景需求，面向不同市场主体，支撑多交易品种结算。两级市场、多业务场景主要体现在省间交易市场和省内交易市场各自业务的独立性上，同时各自面向不同的市场主体，省间结算主要服务于参与省间交易的市场主体之间的结算，省内结算则主要服务于省内发电企业、直接交易用户、售电公司以及零售用户的结算。在支撑多交易品种方面，除了对传统的中长期交易品种（包括外送交易、发电权交易、直接交易等）的结算外，加入了现货市场的结算，主要包含日前电能市场结算、日内电能市场结算和实时电能市场结算，以及辅助服务市场结算等。在结算周期方面，主要有“日清分、月结算”的结算方式。市场结算如图5-7所示。

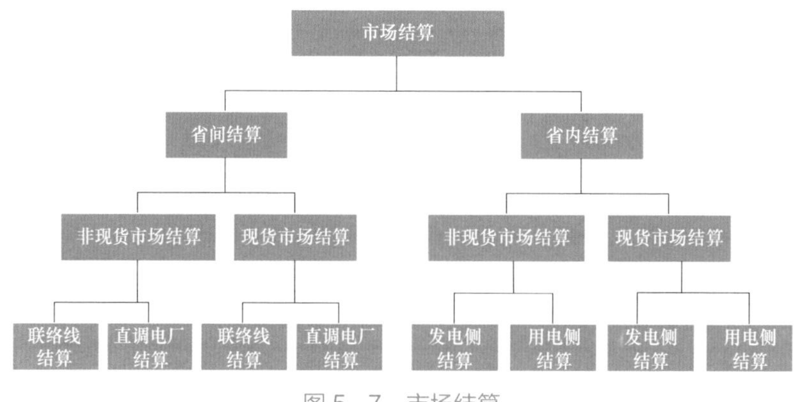

图5-7 市场结算

3. 核心场景应用

（1）发电企业结算。结算专责通过平台对发电企业的电量电费、偏差考核等进行结算，结算对象包括直购电厂和非直购电厂。其中，直购电厂结算是对直购电厂的电量电费、偏差考核等进行结算，它是交易运营的重要环节。交易中心根据市场主体签订的交易合同、交易结果和执行结果，按照相关规定对直购电厂的上网电量进行电量分劈、交易价格匹配，进行电费和相关费用的计算和核算，编制发布交易结算单；非直购电厂结算是根据上网电量及合同计划，对非直购电厂进行电量电费结算，并出具结算凭据。发电企业结算如图 5-8 所示。

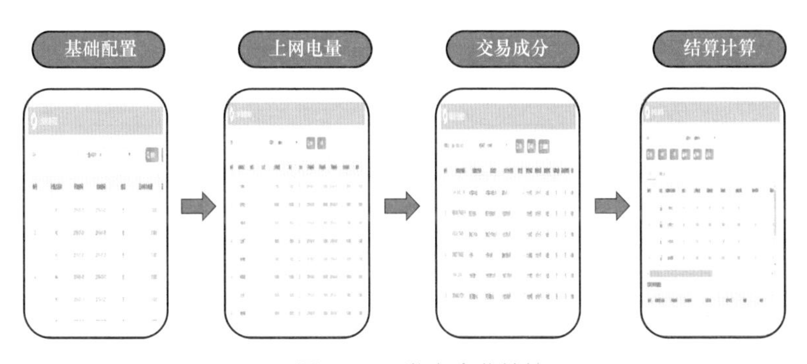

图 5-8　发电企业结算

（2）大用户结算。结算专责通过平台对直接交易用户进行电量电费的结算。结算根据结算规则，参考用电计划、交易合同电量计划、直接交易电力用户用电量等数据，同时计算偏差考核电量、电费。大用户结算如图 5-9 所示。

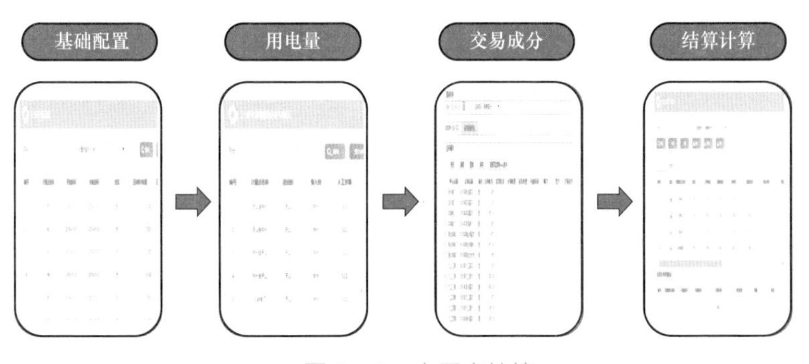

图 5-9　大用户结算

（3）售电公司结算。结算专责在新一代电力交易平台开展售电公司结算相关业务，通过系统配置售电结算规则、考核规则，从合同管理获取交易成分数据、从营销业务应用系统获取代理用户计量电量数据，校核计量电量信息，核对无误后，将零售用户计量电量汇总至售电公司侧，依据配置的相关结算规则进行售电公司结算。售电公司结算如图 5－10 所示。

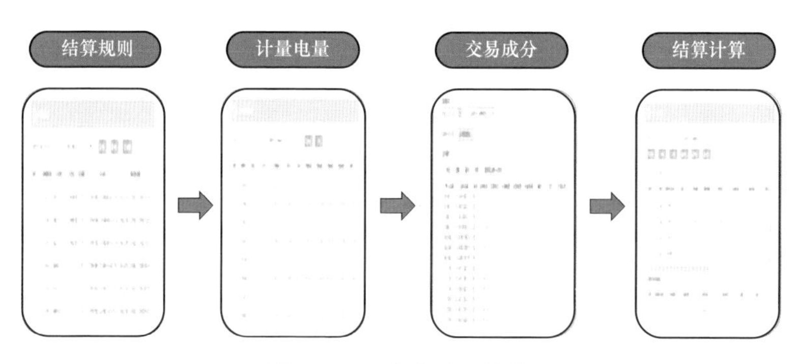

图 5－10　售电公司结算

（4）零售用户结算。售电公司用户登录新一代电力交易外网平台配置结算套餐方案并与所代理用户绑定，申报用户用电计划等信息，结算专责从营销业务应用系统获取零售用户计量电量数据，校核计量电量信息，核对无误后，依据配置的结算套餐方案进行零售用户结算。零售用户结算如图 5－11 所示。

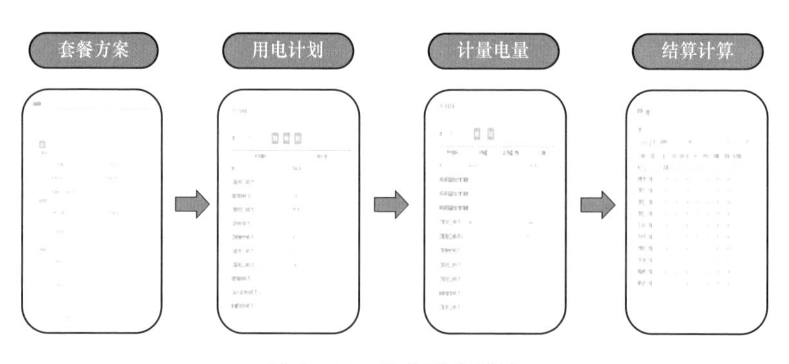

图 5－11　零售用户结算

（5）联络线结算。联络线结算是以合同、交易、计划数据为依据，考虑网损分担方案、电量统分方案等因素，对联络线关口电量进行采集及分解，形成联络线关口及成分电量数据，附加电价、辅助服务、联络线考核等数据后，形成电量、电费结算单，完成电网企业跨区、跨省联络线电量结算工作。联络线结算如图 5-12 所示。

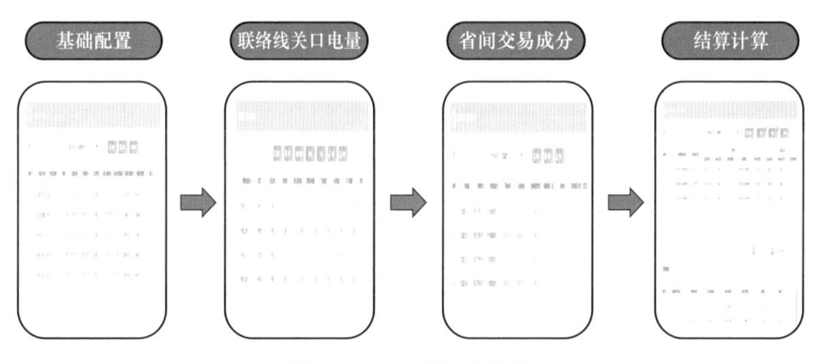

图 5-12 联络线结算

4. 价值与效益

（1）支撑现货市场结算有序开展。通过故障自愈、负载均衡和微服务等功能，提升交易平台运行稳定性和可靠性，具备实时业务开展能力，支撑电力交易频度由月度、多日向日前、实时转变。

（2）支撑全市场结算类型的结算。系统实现交易应用快速升级，满足结算业务频繁变化的要求，增加了现货结算，并对原有的省间和省内中长期交易品种进行了规范和完善。

（3）实现全交易品种日清分结算。构建分布式缓存、内存计算、批量计算等功能，使系统具备高性能结算运算处理能力。设计实现涵盖中长期交易、现货交易等全交易品种的一体化结算功能，实现对各类交易品种的日清分、月结算、年清算，从结算周期和结算主体数量估算，每次结算数据量将达到现有结算的一千倍以上。

（4）支撑百万级数据量结算。通过设计实现资源灵活调配、性能弹性扩展、大数据处理等功能，提升系统外网接入能力和易用性，提高系统并行结算能力，为现货市场环境下高并发接入及海量数据高性能计算提供支撑。

（三）配电网精准主动抢修

1. 概述

配电网抢修是指电网因设备故障、外力破坏等原因造成部分供电中断后采取相应措施、尽快恢复向用户供电等一系列行为的集合。供电企业通常实行配电网生产抢修业务的集中统一管理，涉及设备管理部和营销部等多个部门之间的分工配合，以及供电服务指挥中心和客户服务中心等多个业务系统的有效协同，通过电网故障识别定位、停电信息上送、抢修工单派送等流程支撑配电网故障快速抢修，同时辅助配电网生产合理安排与配电网运行科学调度。因此，配电网抢修是供电企业的一项重要工作，切实提高抢修质量和效率，不仅对提升供电可靠性和客户服务水平至关重要，同时也是推进供电公司跨部门、跨专业协同工作、实现“营配贯通”的重要体现。

早在 2012 年，国家电网公司就出台了《配网生产抢修指挥平台功能规范》（简称《功能规范》），有效指导了配电网生产抢修指挥平台的规划、设计和建设工作。《功能规范》指出，该平台需要实现配电自动化系统、生产管理系统、地理信息系统、95598 系统、用电信息采集系统等信息交互，消除传统意义上的信息孤岛，实现系统应用的智能化集成与共享；在此基础上，充分发挥配

电网抢修指挥机构的信息汇集、统筹指挥、统一调配作用，全面提升配电网抢修专业化管理水平，提高供电可靠性和服务质量。

2. 主要内容

配电网精准主动抢修的内容包括依据用户报修的供电恢复抢修、利用监测系统的设备故障抢修和设备异常处理、停电到户分析、面向服务的用户侧主动抢修等，目标是在设备或系统故障造成停电后，能够快速确定故障区域或定点故障设备，迅速消除故障，恢复向用户供电，减少停电损失。

3. 核心场景应用

（1）报修业务应用。客户服务中心通过 95598 系统受理用户的故障报修，并将报修工单发至配电网生产抢修指挥平台，配电网抢修指挥人员利用平台对抢修资源进行科学调度、合理安排故障抢修，并将抢修全过程反馈给 95598 系统。配电网生产抢修指挥平台面向抢修指挥人员，提供抢修态势图，实现抢修指挥的统一调度指挥及监控。实现实时统计停电管理业务数据，实时故障信息推屏、实时查询故障、实时在地理图上标注故障位置并显示故障影响范围、实时在地理图上显示抢修人员位置以便了解抢修资源分布情况。

（2）设备故障主动处理。智能公用配变监测系统、用电信息采集系统将采集到的公用配变、用户专变等停电故障信息，自动推送给配电网生产抢修指挥平台，平台接收到配变故障停电信息后自动报警提醒抢修指挥人员。抢修指挥人员利用平台的故障自动研判功能，获取故障地理位置和故障停电范围等信息后，将内部抢修工单派发给抢修人员，实现设备故障主动抢修。

（3）设备异常主动处理。智能总保系统将实时公用配变超载、实时公变过载、低电压等设备运行异常信息自动推送给配电网生产抢修指挥平台，抢修指挥人员利用平台将异常处理工单派发给抢修人员，实现设备异常主动处理。某公司故障主动研判界面如图 5－13 所示。

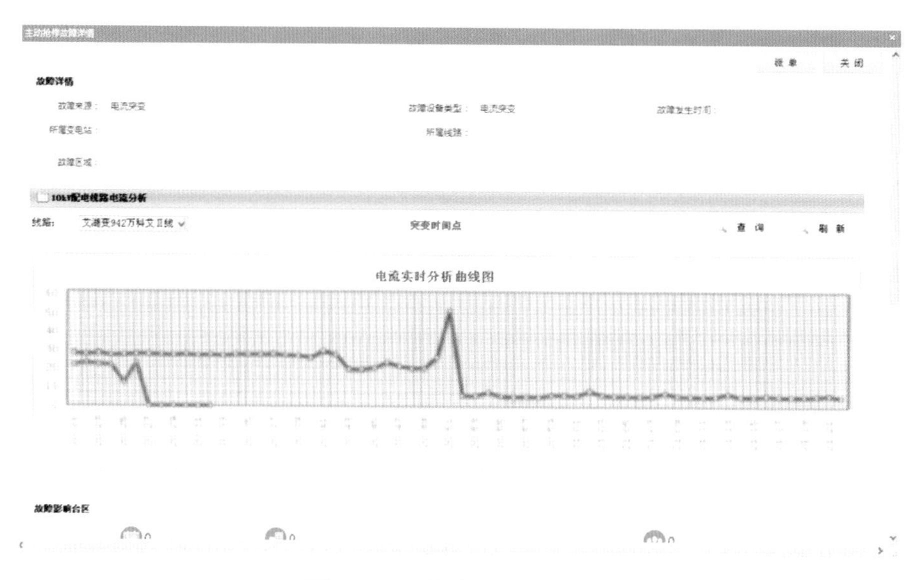

图 5－13　故障主动研判界面

（4）故障停电分析到户。配电网故障发生后，抢修指挥人员根据故障信息进行电网拓扑分析，获取详细的停电用户信息，并将停电设备范围、停电地理范围、停电原因、预计送电时间等一起发送至 95598 系统。根据省（市）公司报送的停电影响用户清单，通过“掌上电力”、95598 网站等渠道将停电信息精准推送到户，减少故障停电信息发布不及时、不到位、不准确造成的重复报修工单，提升客户报修一次解决率。

（5）计划停电分析到户。配电网生产人员在生产管理系统中提前录入停电计划，并且在录入停电计划时对停电范围进行电网拓扑分析，获取详细的停电区域、停电设备、停电用户等详细信息，并与计划送电时间、工作内容等信息一起发送至 95598 系统。送电以后，配电网生产人员将送电信息及时反馈至 95598 系统。计划停电分析到户后，客户服务人员可以通过 95598 系统获知精确的停电信息，包括停电覆盖的范围和涉及的用户，及时通过“掌上电力”、95598 网站等渠道推送给用户，使用户能够提前做好停电准备。停电信息管控界面如图 5－14 所示，图中红色区域所示为计划停电用户。

图 5－14 停电信息管控界面

（6）客户侧主动抢修。基于新型智能电能表的配电网主动抢修系统，利用装备了宽带载波与微功率无线双模通信的智能电能表和数据采集器，将用户故障信息实时传送到供电服务指挥中心，实现配电、用电、抢修等环节信息融合贯通与故障智能研判，精准定位故障点并实现主动预警。后台系统基于各类电力运行指标和实时量测数据，实现电网分析计算，提前发现绝缘老化、中性点故障等隐性缺陷，及时处理。这种基于新型智能电能表的配电网主动抢修不仅为客户带来了新的供电服务体验，也突破了抢修效率瓶颈，极大地缩短了抢修时间。

4. 价值与效益

在配电网抢修作业（见图 5－15）中应用信息化管理系统实现精准主动抢修，可以加强抢修作业管理力度，对提升管理水平具有重要意义，其应用优势主要体现在以下几方面。

（1）能够利用互联网和移动终端，完成抢修任务及各项工作数据和信息的及时传输，保证数据信息的时效性。

图 5–15　配电网抢修作业

（2）实现了配电网抢修作业现场与指挥中心的双向沟通，抢修人员可以以文字、图片、声音、视频等方式，将现场情况及时反馈至指挥中心，指挥中心也可以通过网络实时发布指令和信息。

（3）能够准确显示出配电网故障具体位置，做到对配电网抢修作业现场动态的时时了解，并结合现场实际情况及抢修需求，对人员、车辆及物资等进行科学配置，提高工作效能。

（4）可以对配电网抢修所用物资记录在案，便于自动进行抢修结算，并将现场作业情况以及任务完成情况生成日志，进行存储。

（5）实现了抢修任务的各类数据的信息分析管理，可以根据分析结果制订科学日常管理策略，还能够对数据潜在信息进行深层挖掘，不断改进配电网抢修作业管理。

二、促进新能源消纳

1. 概述

新能源消纳是指在一定新能源资源及并网容量、常规电源装机和负荷水平条件下，受电网稳定运行约束，电力系统在一段时间中累积的新能源发电量。由于电力系统是发、输、配、用的实时动态平衡系统，因此，新能源消纳是逐时段电力累积的结果，在每个时间断面都受电源调节能力、电网输送能力、新能源开发布局、负荷需求等方面影响。

当前，我国局部地区新能源尚未实现全额消纳，需要采取相应措施进行技术引导和优化，促进新能源消纳。电网企业作为新能源消纳和运行中最关键环节，需要在国家能源战略引领和政策驱动下，利用科学有效的手段，从规划建设、调度运行、市场机制、技术创新等方面协同发力，全力提升新能源消纳水平，引导新能源健康有序发展。

2. 主要内容

促进新能源消纳技术内容涉及网—源—荷—储的相关技术，其协调优化发展是促进新能源消纳的关键。通过新能源消纳能力滚动计算、新能源网—源协调优化设计等手段实现对未来新能源消纳情况的研判，合理规划新能源和常规电源发展时序和布局；通过利用弃风供热、建立虚拟电厂等手段实现源网互动，有效降低新能源波动对电网安全稳定的影响，提高电网接入新能源的能力；探索建设源—网—荷—储友好互动系统，将能源电力与信息技术深度融合，有利于优化能源电力供应结构，进一步提升新能源消纳水平。

3. 核心场景应用

（1）新能源消纳能力滚动计算。新能源消纳能力滚动计算利用新能源生产模拟软件，充分考虑电网实际运行中各种边界条件（备用、供热机组运行、断面、联络线等），对电网运行情况进行模拟，得到未来水平年新能源装机容量下的电力电量平衡及新能源发电、限电情况，实现对下一年度新能源消纳情况的预判，为新能源投资的监视预警提供科学依据，合理引导新能源企业持续健康发展；同时还可以优化常规电源启停机、月度电量计划、联络线电力、电量计划等，实现新能源的最大化消纳。目前，《国家电网运行方式》报告中已将年度新能源消纳情况纳入其中，并上报国家能源局，为国家及时调整相关决策提供参考。

（2）新能源场站网—源优化设计。柔性直流电网工程示意图如图 5－16

所示，基于新能源时序生产模拟仿真方法，完成了张北柔直电网康保换流站、张北换流站风电和光伏发电装机容量以及变流器容量优化设计，提出了丰宁抽蓄电站设备选型以及运行方式要求。相关结论已作为张北柔直电网设备选型、丰宁抽蓄电站设备选型的主要依据。

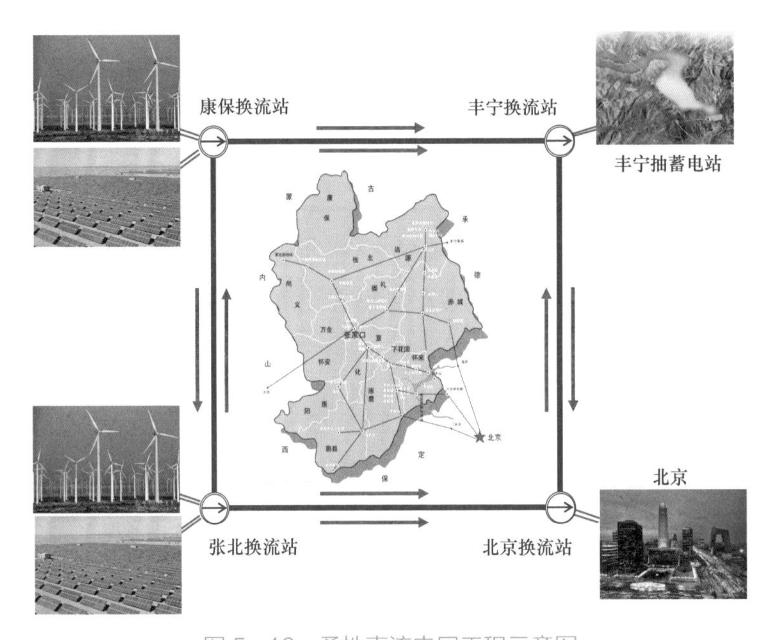

图 5－16　柔性直流电网工程示意图

（3）弃风供热（见图 5－17）。针对部分省区面临的“清洁供热”和“新能源消纳”两大难题，充分挖掘城市供热系统源—网—荷等各环节的消纳灵活性，突破了电网侧与热网、热电厂、储热负荷和高耗能负荷协调消纳可再生能源的技术瓶颈，研发了热电联合调度优化运行控制系统。在保障供热质量的前提下，有效提升供热期风电消纳水平，对促进电力系统与城市供热系统互联互动，加快建立清洁低碳的现代能源体系起到推动作用。

（4）虚拟电厂。虚拟电厂是将分布式发电机组、可控负荷和分布式储能设施有机结合，通过技术手段实现对各类分布式能源进行整合调控的载体，以作为一个特殊电厂参与电力市场和电网运行。虚拟电厂是泛在电力物联网场景下一种先进的区域性电能集中管理模式。

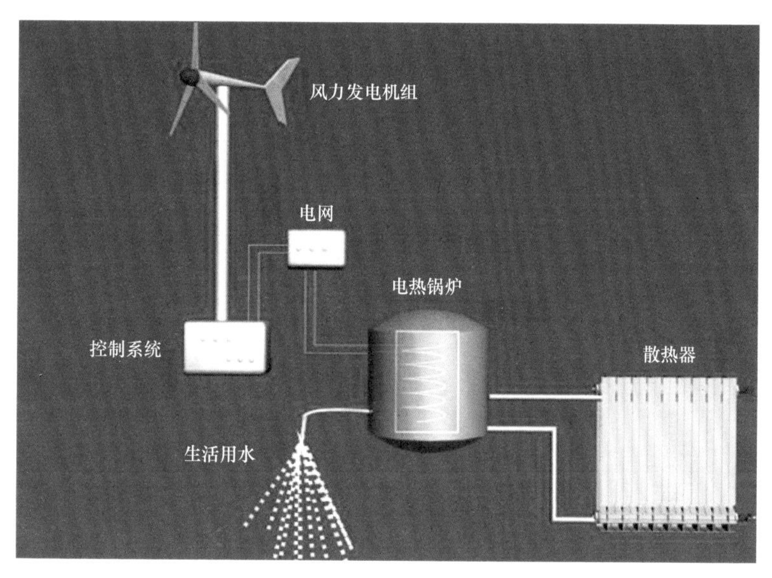

图 5-17　弃风供热示意图

（5）探索建设源—网—荷—储友好互动系统。探索建设源—网—荷—储友好互动系统，通过泛在物联和深度感知，全面增强负荷精准调节能力，提升电网安全经济运行水平，抑制新能源发电带来的电网波动，助力清洁能源消纳。实现 2214 个用户 260 万 kW 可中断负荷毫秒级精准控制，实现 2000 余户 30 万 kW 空调负荷柔性控制，实现 352 万 kW 工商业客户负荷需求响应。

4. 价值与效益

基于能源互联网的发展理念，电网企业强化内部协同与外部合作，从源、网、储等方面多措并举、综合施策，通过开展定量计算分析科学制订促进新能源消纳的有效措施成效显著，主要体现在以下几个方面。一是中国新能源装机规模与增速稳居全球第一，布局进一步优化。二是新能源消纳水平稳步提升，弃风弃光趋势有效遏制。截至 2018 年底国家电网公司经营区新能源发电量及其占比有记录以来连续 16 年实现“双升”，新能源弃电量、弃电率连续两年实现“双降”。三是构建新一代电力系统，在全国范围内实现电网互联，实现全国范围资源优化配置。

随着我国能源战略转型的进一步发展，未来新能源在电力系统中的占比将进一步增长，促进新能源消纳技术将在未来电力系统中发挥越来越重要的作用。

三、提升客户服务水平

（一）网上国网

1. 概述

当前，国家电网公司的线上服务渠道存在客户体验不佳、支撑能力不足、服务资源分散等诸多问题。在客户体验方面，存在多个 app 融通性差，造成客户重复注册、操作复杂，难以实现“一次都不跑”和“一网通办”。在资源共享方面，客户数据服务信息多源，客户业务信息分散，不能实现客户信息跨层级数据整合、跨业务协同共享。在支撑能力方面，现有线上服务渠道多采用传统重架构模式，不能适应互联网服务快速推陈出新、迭代升级的需求，难以支撑便捷应用和服务创新。为解决以上问题，2018 年国家电网公司启动了“网上国网”试点建设。

“网上国网”是泛在电力物联网框架下面向外部用户的互联网应用产品，通过整合掌上电力、电 e 宝、95598 网站以及车联网、分布式光伏等在线服务资源，形成客户聚合、业务融通、数据共享的统一开放在线公共服务平台，为用户提供便捷、智能、贴心的智慧用能服务。

2. 主要内容

采用“一户多面、千人千面”的设计理念，面向不同客户群体定制专属服务频道，全新推出的“住宅、电动车、店铺、企事业、新能源”五大服务场景（见图 5-18），规划乡村振兴［农业生产电气化、家庭电气化、特色（扶贫）农副产品代销］等扩展场景，提供差异化服务。住宅场景，主要服务低压居民客户，聚焦交费、办电等基础性功能，辅助用能分析、积分、商城等特色化服务，提升客户活跃度；电动车场景，主要服务电动汽车用户，注重充值、找桩充电、“一网通办”等专业化服务；店铺场景，主要服务低压非居用户，除提供交费、办电等基础性服务外，侧重电费账单、用能分析、电费金融等专属化服务，引导用户合理用电、降本增效，同时有效解决客户融资交费等困难；企事业场景，主要服务于高压用户，强化用电负荷、电子发票、能效诊断等专业化服务；新能源场景，初期主要服务于光伏用户，提供建站咨询、光伏报装、运行监测、上网电费及补贴结算等特色服务，实现分布式光伏全流程一网通办。

	住宅	电动车	店铺	企事业	新能源
目标人群	个人	个人	个人/企业	企业	个人/企业
用电属性	低压	低压	低压	高压	低压
设计关键词	温馨	科技	兴隆	严肃	清洁
基本色调	橙色	紫色	红色	蓝色	绿色
服务内容	交费、业务办理	车辆管理、找桩充电	交费、用电管理	业务办理、能效分析	收益结算、电站监测

图 5-18 首页五个“频道”交互场景设计

3. 核心场景应用

（1）个人办电业务“一证通办”（见图 5-19）。用户在“网上国网”app

申请办理有关业务，上传身份证照片，系统通过图片识别技术自动读取身份证号码，通过省政府大数据平台调阅房产中心数据，校核房产信息，核对无误后，办理用电过户手续，实现“一证通办”和“一次都不跑”。

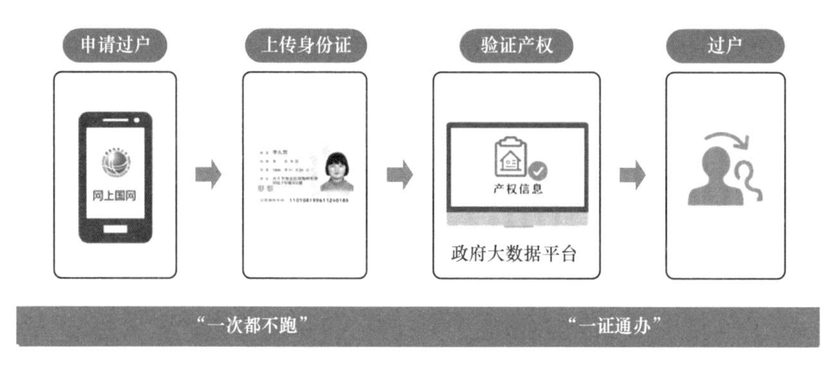

图 5-19 “一证通办”

（2）个人充电桩业务“一网通办”（见图 5-20）。客户通过“网上国网”app 享受买车、买桩、安桩、办电、上线一条龙服务，“一次都不跑”完成业务办理，还可通过 app 全程跟踪、催办和反馈业务办理情况。

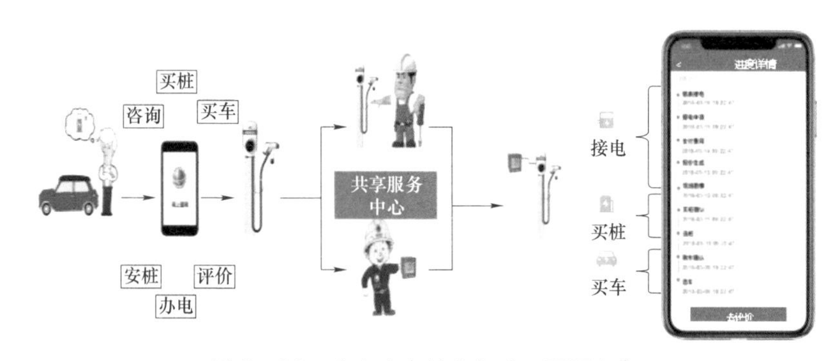

图 5-20 个人充电桩业务“一网通办”

（3）分布式光伏“一网通办”。为客户提供建站咨询、设备采购、线上报装、现场施工、并网接电、电费及补贴结算、光伏运维等全流程一站式服务，真正实现“一口报装、一网监测、线上结算”智能化服务。分布式光伏“一网通办”如图 5-21 所示。

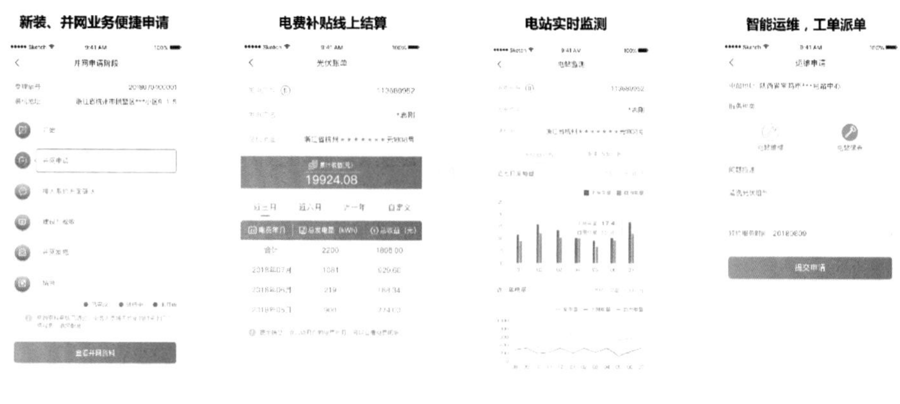

图 5-21 分布式光伏“一网通办”

（4）智能化在线服务。在线辅助故障报修业务受理时，通过对故障地址精准定位和故障原因智能研判（见图 5-22 和图 5-23），以“微场景”方式辅助客户完成交费或快速查询停电信息、抢修进度，自动合并或办结工单，减少无效报修和重复报修。

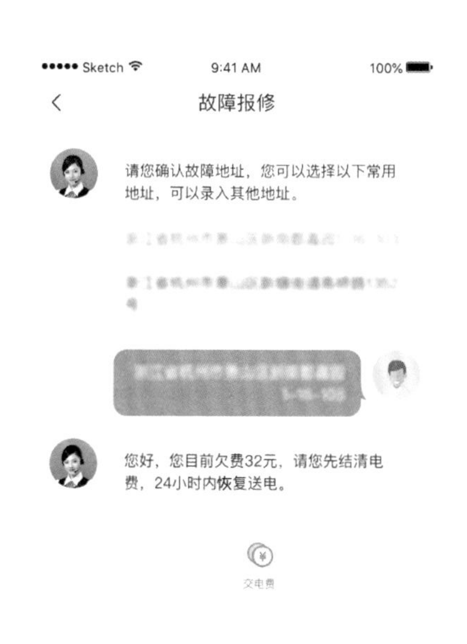

图 5-22 停电原因识别并引导客户快捷交费（一）

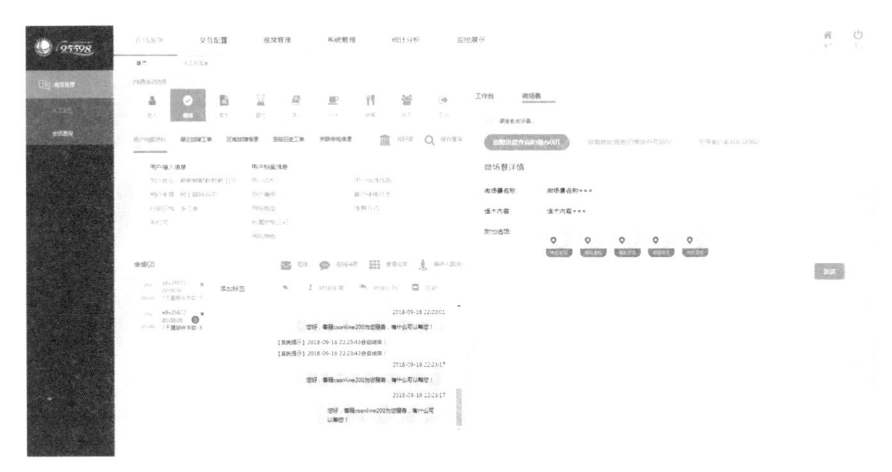

图 5-23　停电原因识别并引导客户快捷交费（二）

（5）抢修进度可视化。实时共享抢修处理信息，便于客户查询抢修人员到场位置、抢修处理进度，满足客户对信息公开透明的心理需求，提升客户服务体验（见图 5-24 和图 5-25）。

图 5-24　抢修进度查询和催办

图 5-25　查看抢修人员位置

4. 综合价值

（1）拓展客户和终端的泛在连接。在当前实现“电 e 宝”“e 充电”等国家电网公司新兴业务服务渠道接入的基础上，逐步将国家电网公司其他线上服务渠道（如微信公众号、“车联网”等），营业厅网点自助服务终端、用户侧终端等接入“网上国网”app 服务连接平台，实现泛在连接（见图 5－26），统一服务，充分发挥“网上国网”app 业务平台作用。

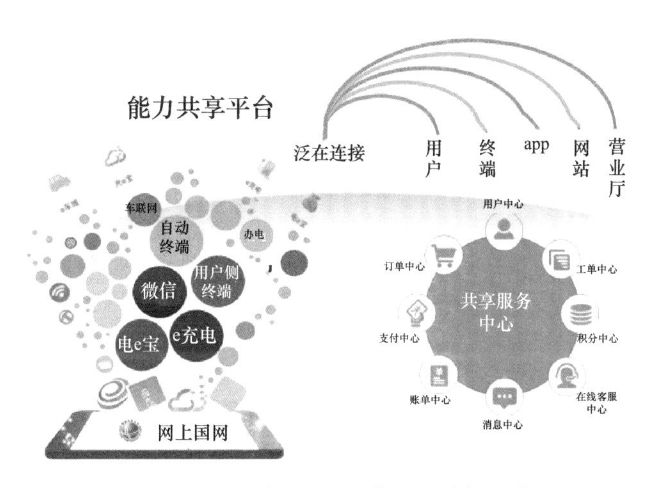

图 5－26 “网上国网”泛在连接示意图

（2）深化对客户全息感知能力。汇聚客户用能数据（如电量、电费、用电终端）、客户行为数据（如客户位置轨迹、交易行为、履约特征、参与程度等）、公司服务资源数据（如充电桩、营业网点、电网拓扑等），通过大数据分析、智能研判等方式，实现对客户的动态全息感知，提升面向客户的一站式服务能力。

（3）推进开放共享建设。持续拓展“网上国网”app 业务平台：一是不断提升开放共享业务能力，制定标准规范，推动国家电网公司系统内物资、交易、金融、产业等领域的平台应用，打造开放共享、合作共赢的数字化能源服务生态；二是持续挖掘数据价值、促进数据共享，向省公司、产业单位及社会开放，拓展数据平台的数据服务能力，实现数据价值挖掘、数据赋能。“网上国网”

全息感知示意与开放共享示意图见图 5－27 和图 5－28。

图 5－27 “网上国网”app 全息感知示意图

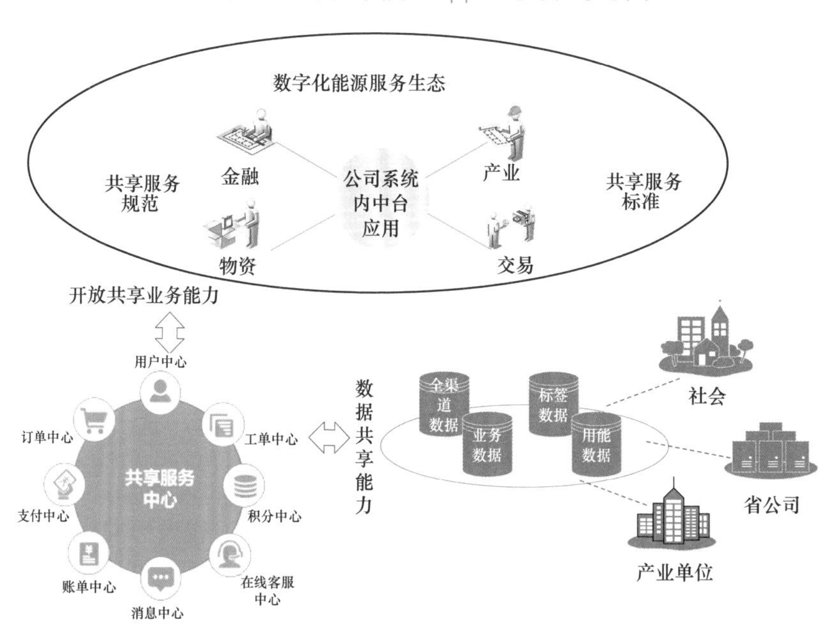

图 5－28 “网上国网”app 开放共享示意图

（4）领域业务融合和产品创新。① 完善业务管理和产品创新机制，围绕综合能源服务、智慧车联网、光伏云网等业务领域，孵化创新，打造更多“一网通办”新服务；② 充分发挥“网上国网”app 平台型作用，整合用户流量，实现各渠道的相互引流，助推各单位打造品类丰富、智能便捷、多元的

服务产品；③ 推动省市特色产品的发布和推广，实现创新成果共创共享，提质增效。"网上国网"融合创新示意图见图 5-29。

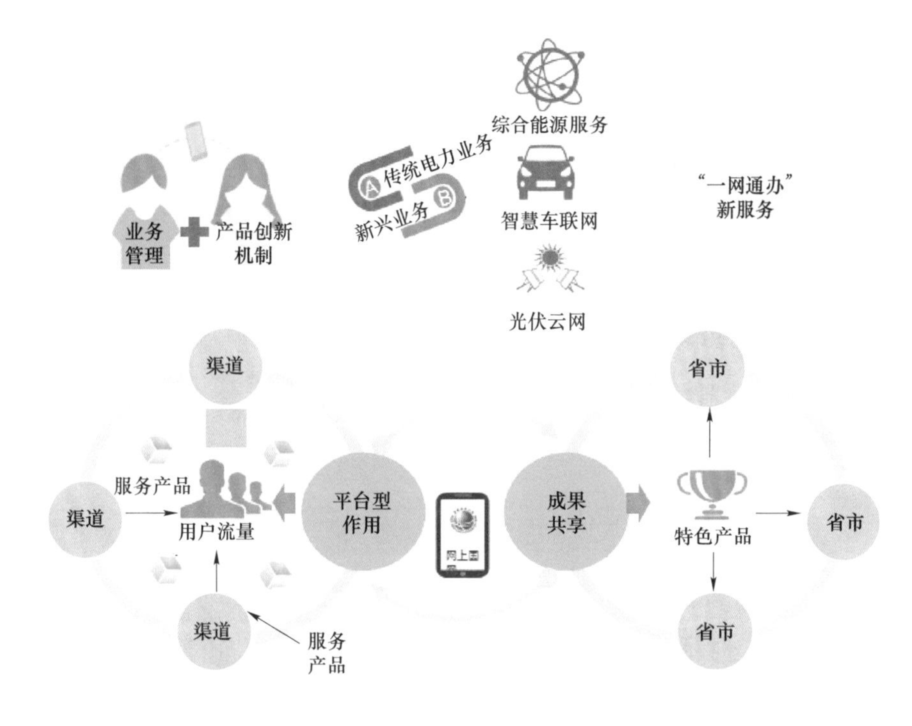

图 5-29 "网上国网"融合创新示意图

（二）新一代智能电能表

1. 概述

智能电能表是国家电网公司面向社会的一扇窗口，是电力用户感受电网先进成果的途径，是国家电网公司法制计量、高效管理、优质服务的重要手段，也是能源互联网实现多元信息交互的关键终端。随着近十年来用电信息采集系统的全面铺开建设，智能电能表已基本实现全采集、全覆盖，目前在运的智能电能表达 4.6 亿只，指导用户科学、合理地用电。

当前，电子行业、制造工业及信息技术的高速发展为电能表的创新管理带来了无限的可能，现有智能电能表的单一化管理功能与新形势下各类业务、服务日益增长的需求之间矛盾越发突出，因此，需要在吸取智能电能表长期挂网运行积累的经验基础上，结合“大、云、物、移、智、链”新技术，设计一款适用于能源互联网建设需求的智能电能表。国家电网公司开展了新一代智能电能表研究，目前已对电能表部分功能进行了试点应用，取得较好的应用效果。

2. 主要内容

近年来，国际法制计量组织（OIML）颁布的 IR46《有功电能表》对电能表的计量技术及性能提出了新的要求。IR46 中对电能表提出了软件可升级的概念，明确了在确保安全性的前提下，当管理需求发生变更时，非法制相关的软件可以在线升级，但不应影响法制计量相关功能。我国是 OIML 的成员国，为了加快同国际接轨，需要转化落地实施新标准的先进思想。因此国家电网公司在开展新一代智能电能表的研究工作之初提出“多芯”“模组化”的理念，以便满足 IR46 中涉及的软件升级要求。

另外，国家电网公司于 2018 年开展智慧能源服务系统建设工作。智慧能源服务系统定位于连接电网（大电网、微网）和用户侧新型智能设备，通过市场化手段对其发电、用电曲线进行引导和调控，建立面向用户的智慧能源控制与服务体系，满足电网日益增长的清洁能源消纳、削峰填谷、调压调频等运行压力，保证电网更清洁、更高效，为用户提供更经济、更便捷的用能服务。智慧能源服务系统中定义新一代智能电能表为能源路由器，连接用户侧新型智能设备，实现设备数据的感知、采集和控制，满足智慧能源服务系统建设需求。

因此，新一代智能电能表的发展需充分考虑国际标准的先进思想和在智慧能源服务系统中的定位，在满足基础的计量功能外，更需要满足用户侧智能设备的灵活接入，不断适应未来能源互联网的建设需求与人民群众日益多样的服务需求。目前，新一代智能电能表在用电负荷辨识、电动汽车有序充电方面的研究取得了一定成效。

3. 核心应用场景

目前，支撑泛在电力物联网建设并可实现的典型业务应用场景如下：

（1）居民用电负荷特征智能分析及应用。在基本保持现有用电信息采集架构不变的前提下，运用以用电负荷辨识算法为核心的大数据分析技术，开展居民用电负荷特征智能分析及应用，实现居民用户家庭电器组成和能耗全时段精确辨识，并通过手机 app 推送精细化、多元化的全方位用能信息及衍生业务数据，为用户提供了精准精益的用能数据服务，指导居民用户科学合理用电，促进居民用户与电网的友好互动。居民用电负荷智能分析系统架构如图 5－30 所示。

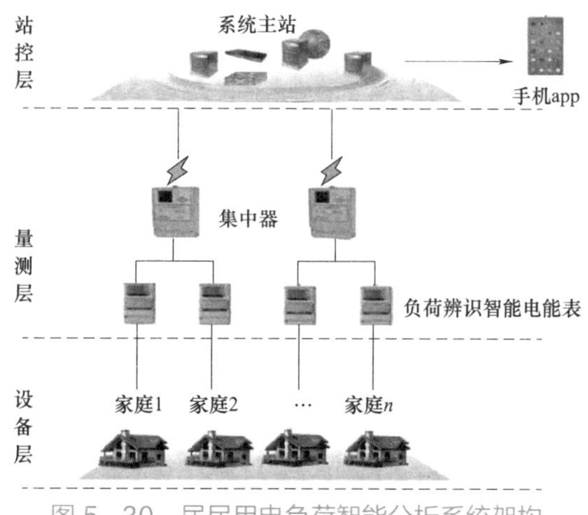

图 5－30 居民用电负荷智能分析系统架构

居民用户用电负荷辨识包括特征库建立、数据采集、特征提取与匹配三个关键环节。居民用电负荷辨识技术架构如图 5－31 所示。

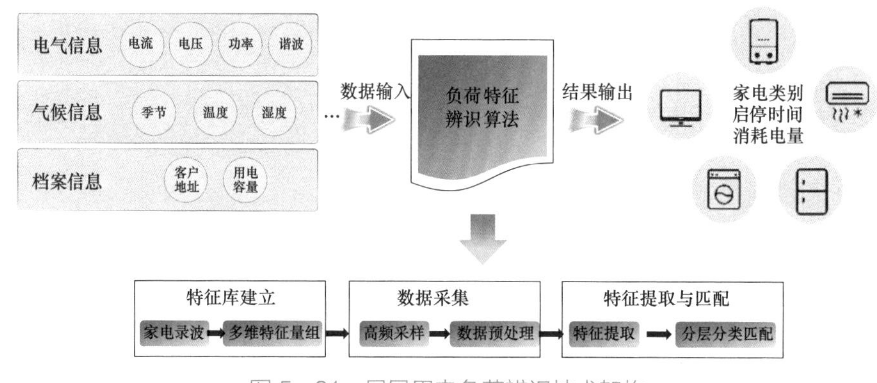

图 5－31　居民用电负荷辨识技术架构

实际生活中，普遍存在多家电混合运行、负荷特征相似的家电交替运行、多类型家电启停碰撞等复杂用电场景。这类场景会对负荷匹配造成干扰，影响负荷辨识精度。针对该问题，采用了一种基于多层树状分类器的分层分类负荷匹配方法，通过功率增量、运行时间、冲击电流、无功阈值等分类器，分层匹配特征量，使得多种家电同时运行也能准确快速完成负荷辨识。该方法有效解决了不同电器单一负荷特征相似的难题。

（2）电动汽车有序充电。建设智慧能源服务系统，实施电动汽车有序充电，可保障配电网安全运行，提升充电设备利用率，促进清洁能源消纳，提高能源利用效率。新一代智能电能表在智慧能源服务系统中定位能源路由器，以模块化的形式增加电动汽车有序充放电功能，引导其低谷用电、高峰放电，提升电网设备利用率，满足居家多元化充电需求。

4. 价值与效益

通过对电能表数据的采集和分析，提高电网的末端感知能力，利用大数据技术深度挖掘数据价值，有效服务电网、民生、政府。

服务电网方面，可在设备和线路故障预警和定位、网损分析、配电网运行分析、反窃电、源—网—荷协同调度、负荷预测和设备供应商评价等方面开展应用；服务民生方面，可在居民用电状况判断、企业经营状况评估、客户用电行为优化、服务定向推送、企业产品研发指导等方面开展应用；服务政府方面，可在宏观经济判断、环保监管、地方招商引资效果评估、住房空置率识别等方面开展应用。

四、提升企业经营绩效

（一）实物“ID”建设

1. 概述

国家电网公司自 2008 年探索资产全寿命周期管理以来，经过十年努力，建成了具有国际先进水平和公司特色的资产管理体系并保持常态运行。然而，因资产分专业管理，各专业编码规则不同，缺乏统一的身份标识，存在“信息孤岛”和“数据壁垒”，制约了资产全寿命周期管理的进一步深化。为此，公司开展了电网资产统一身份编码（简称实物“ID”）建设，通过赋予设备终身唯一的身份标识，贯通资产全寿命管理各业务环节，打破信息共享壁垒，夯实泛在电力物联网建设基础，提升资产全寿命周期管理水平。

2. 主要内容

创新应用资产全寿命周期管理理论成果和物联网技术，整合各专业资产信息资源，推进公司资产数据规范统一、信息共享。编码设计，按照“适应性、兼容性、拓展性”原则，制定了 24 位组织特征码的电网资产实物“ID”编码，与现有专业编码并存、不冲突、不取代，确定了以二维码和 RFID 标签作为编码的可用载体。流程优化，结合资产管理的实际需求，对现有业务流程进行整体优化和相应管理要求的调整，打通部门间实物流、信息流的传递瓶颈，涉及 9 个部门、12 个流程节点的 27 项管理变更。信息化改造，以流程优化需求为出发点，开展信息化改造，涉及 ERP、PMS2.0、ECP 等多个业务系统，涉及实物“ID”生成、设备技术参数录入、单体设备扫码出入库等23项典型功能。试点推广，围绕“差异性、多样性、全维度、全覆盖”的建设要求，开展实物“ID”在输电、变电、配电、二次、信息通信等类型设备的试点及推广应用，确保实物“ID”各项要求在基层一线的全面落地。

3. 核心场景应用

（1）开展智能仓储建设（见图5－32）。以实物“ID”为媒介，建立了系统、设备、物资之间的信息纽带，实现了物资全链条的自动识别、自动搬运、自动存储、自动盘点作业，提高了仓库运作效率。

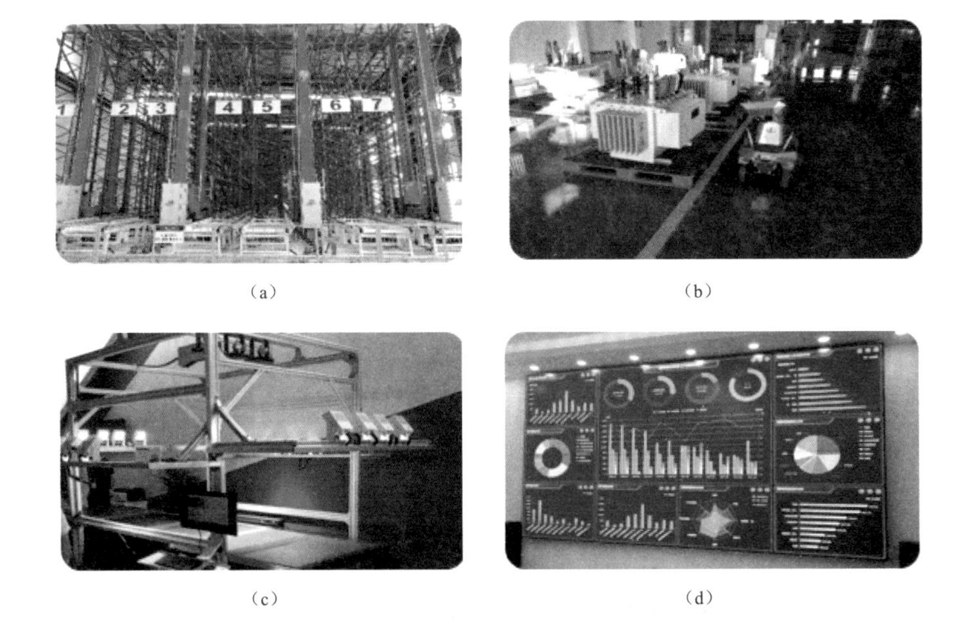

图5－32　智能仓储建设

（a）自动化设备为每个实物“ID”自动推荐货位；（b）智能机器人通过扫码全天候自动盘点；（c）智能扫码设备实现自动组盘；（d）大数据处理指导仓库优化运营

（2）推进设备资产的精准创建及精准转资。创新建立设备验收清册标准化拆分和新增规则，实现物料清册和验收清册一键生成功能，创建标准设备验收清册，将实物“ID”由物资环节自动贯通至运检环节，实现实物“ID”编码和信息贯通、设备资产的精确创建及精准转资，强化资产全寿命周期关键环节精益化管控。验收清册线上应用如图 5－33 所示。

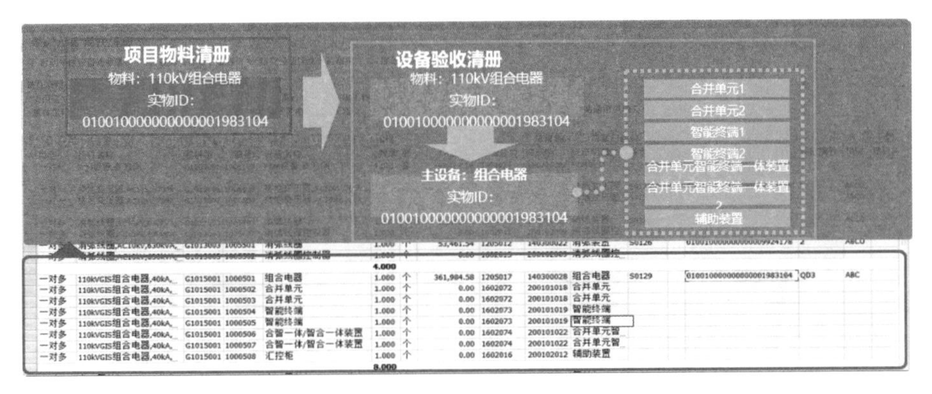

图 5－33　验收清册线上应用

（3）推进移动运检功能应用。将实物“ID”与专业应用充分结合，实现实物“ID”与“变电五通”、输配电移动运检应用的融合功能，提升运检现场工作效率，大大增强了实物“ID”现场应用生命力。移动运检如图 5－34 所示。

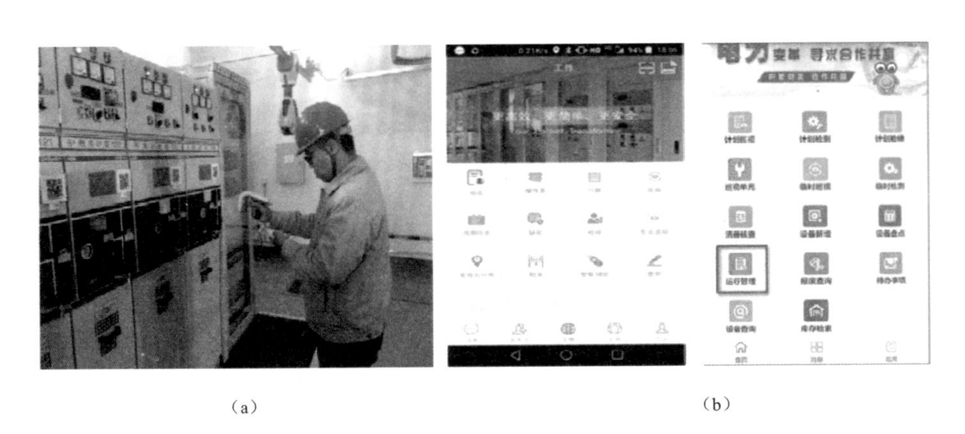

（a）　　　　　　　　　　　　（b）

图 5－34　移动运检

（a）实际操作；（b）操作界面

（4）推进电网资产智能盘点。积极开展基于实物“ID”的移动智能盘点试点，将现场实物信息与系统账面信息实时对比，核实账卡物一致情况，确保公司资产信息准确。移动智能盘点如图 5－35 所示。

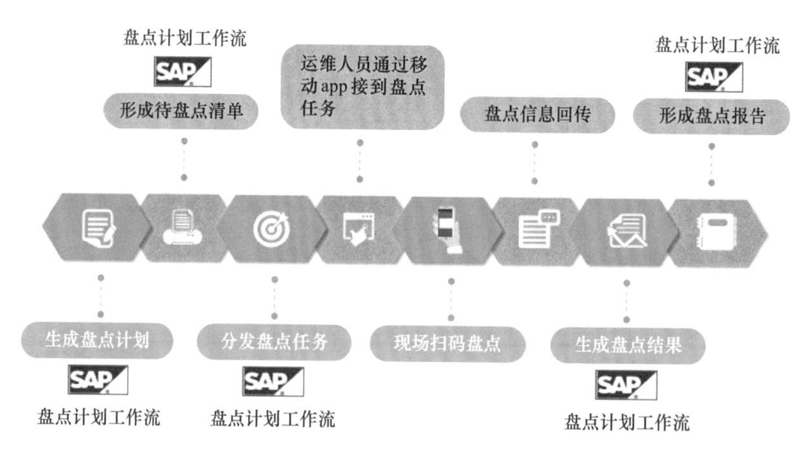

图 5-35　移动智能盘点

（5）推进信息通信移动巡检应用。① 实现巡视签到确认。巡视人员通过实物“ID”，确认已经巡视过的设备，同时确保值守或者保电时，运行人员到岗到位。② 实现现场快速查看维护设备信息。保证运行人员快速调阅监测数据、设备参数、缺陷/隐患记录、故障记录、运行记录等信息。信息通信移动巡检如图 5-36 所示。

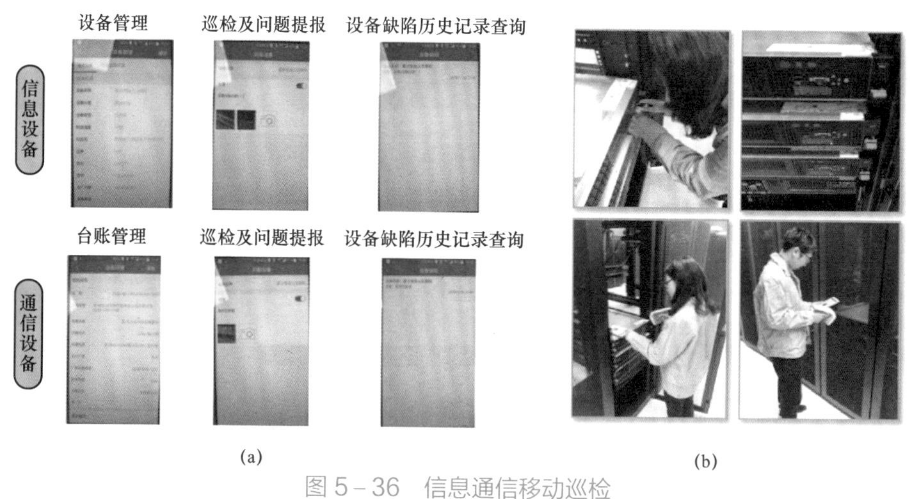

图 5-36　信息通信移动巡检

（a）系统应用照片；（b）应用现场情况

（6）开展二次设备智能运维。利用智能移动终端对二次设备的实物“ID”标签进行扫码，开展设备台账查询、状态检修、设备检验等核心业务，通过

远程诊断、典型案例、图档资料等辅助功能应用，实现二次设备运维管理的智能管控。基于实物“ID”的二次设备智能运维如图5－37所示。

图5－37 基于实物“ID”的二次设备智能运维

（7）推进实物“ID”全景展示。构建设备全景画像，通过图形化的展示方式，个性化定制部门需求，实现跨专业、跨部门、全流程信息查询，辅助资产管理人员快捷获取分析数据，夯实资产管理辅助决策工作基础。实物“ID”全景展示如图5－38所示。

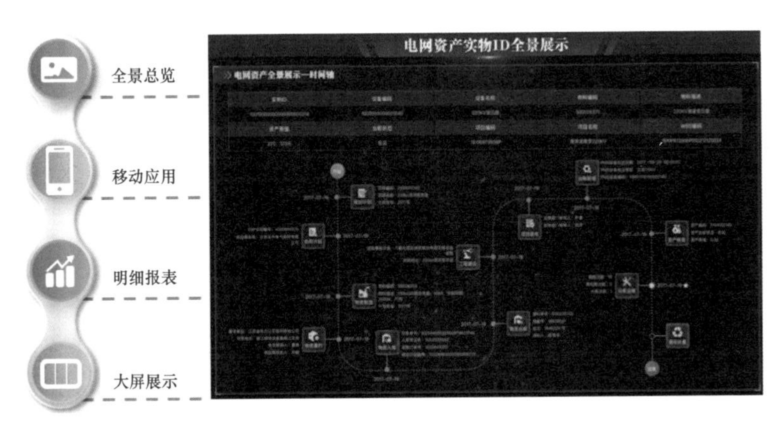

图5－38 实物“ID”全景展示

4. 价值与效益

（1）夯实基础数据质量，驱动企业经营管理改变。大数据时代的来临，让数据成为企业最宝贵的财富，企业的一切经营活动都基于数据开展，核心是保证高质量数据。而以实物“ID”为纽带，打通电网资产在不同寿命阶段（规划计划、采购建设、运维检修、退役处置）中跨部门、跨专业信息交互的渠道，破解“信息孤岛”和“数据壁垒”，消除“数据烟囱”，实现了资产在寿命周期内状态、成本、缺陷等信息的共享互通，解决了台账与实物难以完全对应的难题，提升了基础数据质量。为国家电网公司积极探索数据资产管理模式，深入挖掘数据资产价值，推动企业经营管理由“经验驱动”逐步向“数据驱动”转变提供坚强保障。信息驱动管理转变如图 5－39 所示。

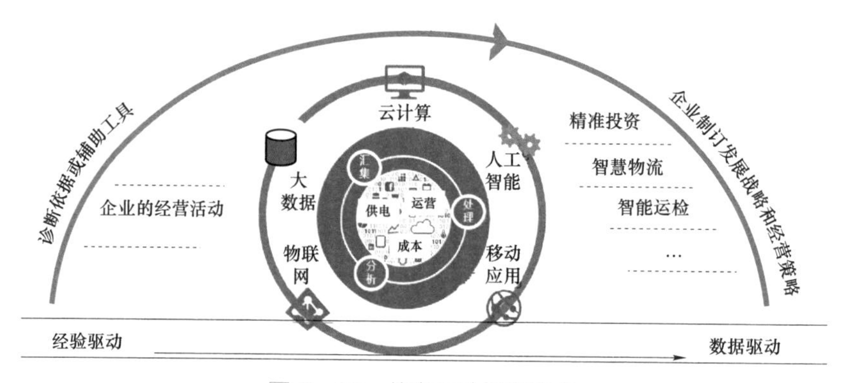

图 5－39　信息驱动管理转变

（2）强化业务协同水平，大幅提高资产管理效率。开展实物“ID”建设，实现了跨部门的信息对称和充分共享，促使企业纵向贯通、横向协同，在设备台账创建、精准转资效率、资产盘点等业务效率方面均大幅度提高。设备台账创建方面，依据“一码凭穿”，通过实物“ID”自动集成供应商录入的设备参数信息，PMS2.0 设备台账创建工作量大幅降低，变电站设备台账创建平均节省时间在 50%以上。精准转资效率方面，依托实物“ID”规范工程源头信息，为资产精准转资提供有效数据支撑，试点工程的精准转资率达到了 100%，转资周期压缩 50%。资产盘点方面，盘点模式由以往“定期人工比对、抄写、整改”转变为“实时盘点、智能统计分析整改”，变电站设备核查时间可平均节省时间 60%左右。业务效率提升对比如图 5－40 所示。

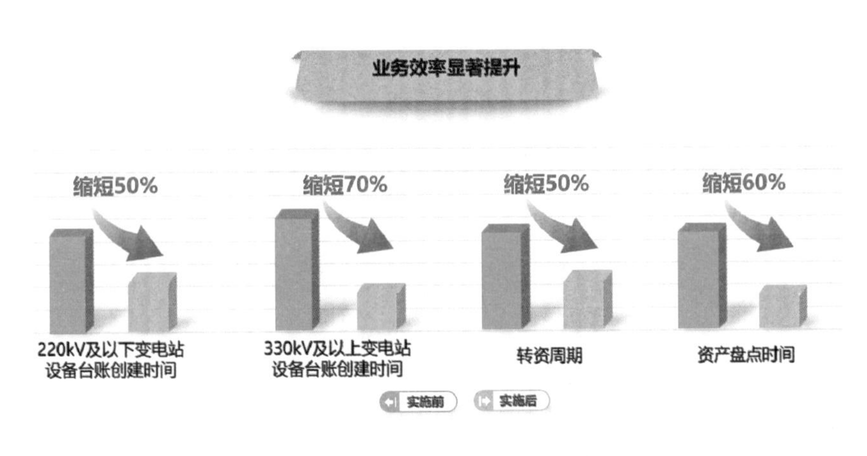

图 5－40 业务效率提升对比

（3）运用物联网技术，提升电网实物资产管理水平。通过实物“ID”建设，实现了现场实物与信息系统的关联，改变了以往依靠人工开展现场设备和系统数据核对的工作模式，实现了实物无论处于何时、何地、何种状态都可以通过实物“ID”识别资产信息，实现了资产信息的实时追溯；建立以扫码为起点的现场作业模式，使现场实物情况通过移动 app 实时传递到信息系统，解决了现场实物与信息系统处理不一致情况，已赋码设备资产实现了“物—账”对应率 100%，有效夯实了资产基础数据。现场实物与信息系统关联如图 5－41 所示。

图 5－41 现场实物与信息系统关联

（二）现代（智慧）供应链

1. 概述

作为推进“三型两网”建设的重要内容和关键环节，泛在电力物联网建设正在加快推进。物资作为核心资源对企业发展至关重要，现代（智慧）供应链是泛在电力物联网在物资领域的具体实践与应用。

国家电网公司现代（智慧）供应链围绕“三型两网”战略目标，应用“大云物移智链”技术，整合供应链上下游资源，构建具有数字化、智能化、网络化、规范化特征的现代（智慧）供应链体系。对内通过新技术与传统供应链业务的融合，创新提质增效，实现“业务一条线”“一站式透明服务”；对外推动智慧物联，广泛连接供应链上下游资源和需求，打造全新供应链产业生态圈，采购设备质量、采购供应效率、用户服务体验、业务规范水平、价值创造能力全面提升，成为能源行业供应链领导者，为建设“三型两网”世界一流能源互联网企业提供优质高效服务支撑。

2. 主要内容

应用“大云物移智链”信息化技术，升级建设新一代电子商务平台（ECP2.0）核心业务系统，建成“智能采购、数字物流、全景质控”三大智慧业务链作业系统，贯通跨专业协同数据共享渠道，打造电工装备智慧物联系统，构建指挥调度全供应链有序高效运作的智慧运营中心，形成“三业务链、两协同、一中心”的业务体系，搭建现代（智慧）供应链综合服务平台门户和“e物资”移动应用门户，面向内外部用户提供一站式、便捷化的多业态服务。现代（智慧）供应链体系如图5－42所示。

3. 核心场景应用

（1）智能采购。以“数据融通、智能选优”为目标，打造一站式物资智能采购服务平台。发挥物料ID纽带作用，提升设备采购标准、精简设备选

型；以优选供应商及其产品为目标，总结业务规律，采购策略智能匹配；自动采集社会信用评价体系和电网基建、生产等业务数据，推动采购关键要素智能获取、客观量化与自动评审，实施线上专业化、智能化采购（见图 5-43）。

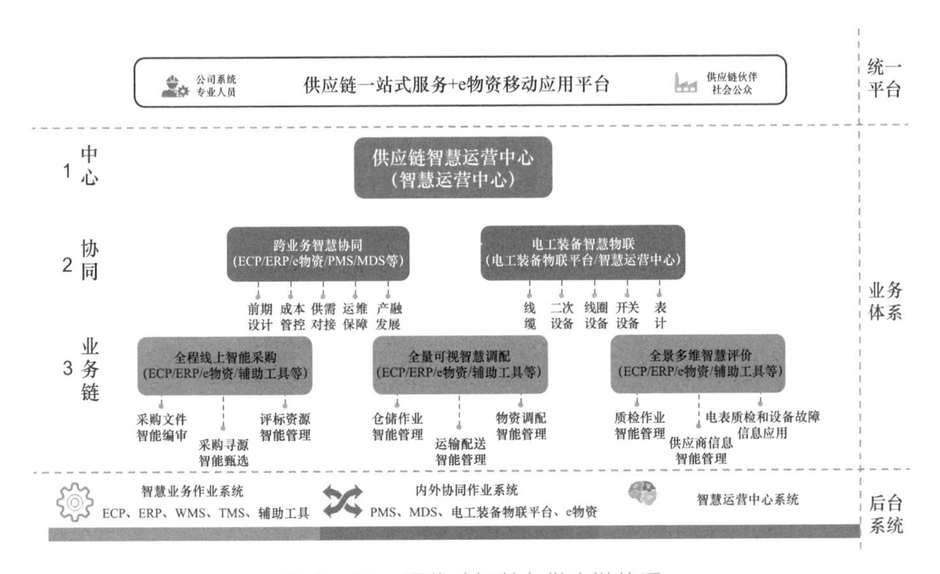

图 5-42　现代（智慧）供应链体系

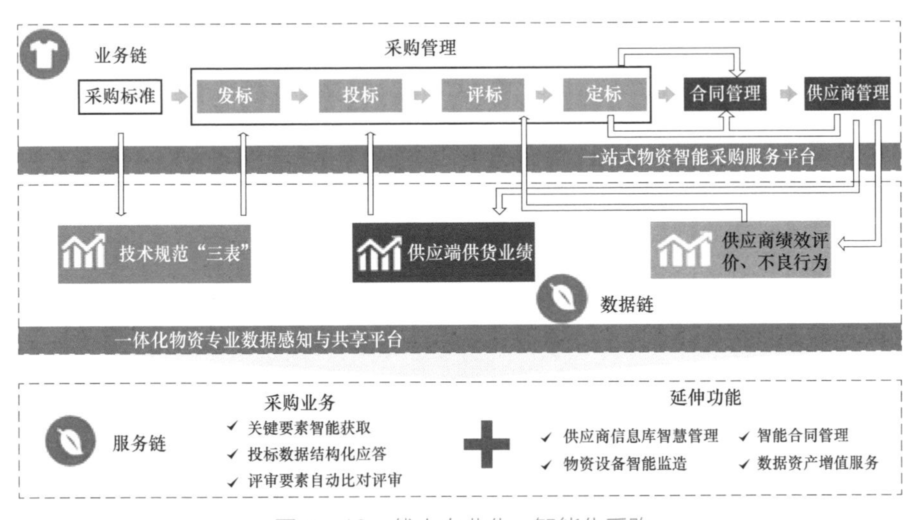

图 5-43　线上专业化、智能化采购

1）设备技术标准全链条贯通应用（见图 5-44）。强化统一采购标准和物料压减成果应用，加大优质设备技术规范应用力度，提升整体性能参数。

基于统一数据模型，实现从计划、采购到后续履约、监造环节的全流程数据贯通应用。采购标准阶段，针对标准化程度较高的物资，基于采购标准对技术规范“三表”进行数据治理，建立结构化技术规范模板；投标阶段，供应商应用辅助投标工具结构化应答技术参数及单价分析表；评标阶段，搭载辅助评标工具，支持评审规则的适应性配置，满足不同品类需求，实现要素自动比对评审，结果同平台直接交互；履约、监造阶段，自动获取参数及单价依据，为供应链后续环节的技术参数跟踪、重要组件材料的价格水平精准分析提供数据挖掘价值，有效支撑电网设备运行质量。

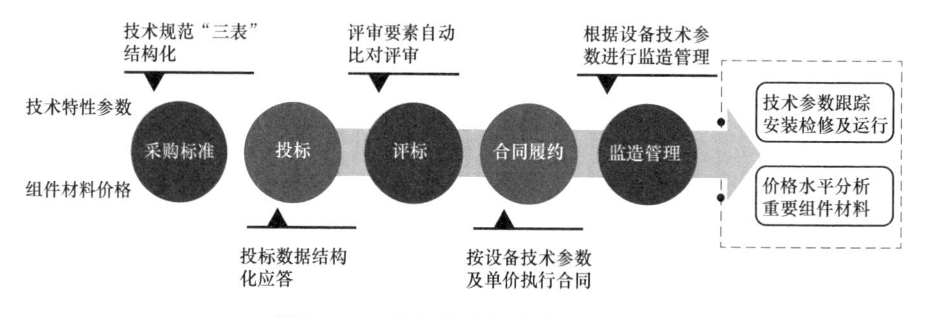

图 5－44　设备技术标准全链条贯通

2）物资计划智能管理。应用大数据分析技术，智能制订两级采购目录。紧密衔接项目里程碑计划，实现采购批次智能编制、年度需求智能预测、采购需求智能申报，移动应用实现采购计划“一键”查询、审批等业务功能创新，不断提升计划管理质效。制定统一数据标准体系和管理保障机制，提升数据质量，依托全业务统一数据中心，推进数据集成融通，促进数据协同，挖掘数据价值。

3）采购策略智能制订（见图 5－45）。根据物资特性、采购周期、采购方式、市场情况等因素，利用大数据、人工智能技术，对资质业绩条件设定、标段标包划分、初评评审、详评评审细则、价格计算公式以及授标原则等采购策略制订提供支撑，并通过科学严谨的数据分析，突出质量和技术评审因素，优化完善采购策略标准，降低评标专家的自由裁量权，建立科学、完

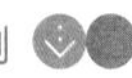

善、全面准确的动态采购策略库，构建采购策略智能匹配关联模型，实现采购策略的自动智能生成，提升采购策略制订质效及科学性、客观性，把好入网物资质量“入口关”。

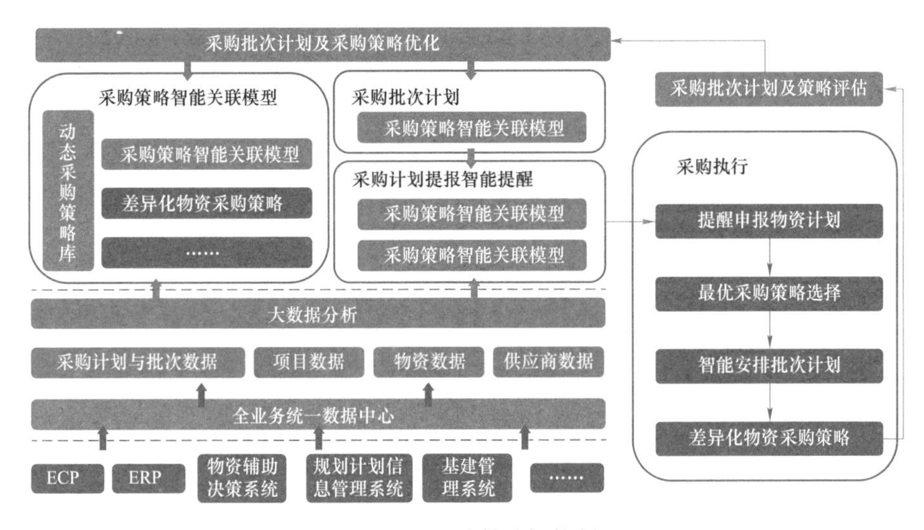

图 5-45　采购策略智能制订

4）构建统一标准供应商资质业绩信息库（见图 5-46）。对于国家电网公司内业绩，采购阶段中标信息流转至合同模块线上签约，待履约情况更新后，业绩自动更新流转入库，对于国家电网公司外业绩，创新开发资质业绩填报工具，供应商可应用工具按模板进行填报，核实入库。供应商投标时可随时复用资质业绩库中信息，真正做到数据“一次录入，共享共用”。

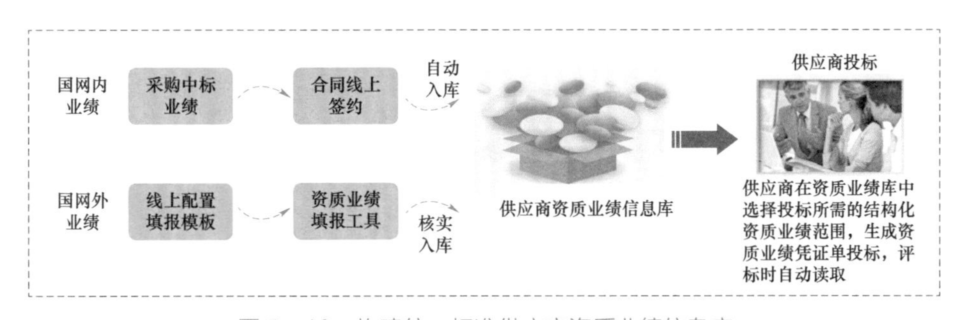

图 5-46　构建统一标准供应商资质业绩信息库

5）供应商评审要素自动获取与智能评审（见图 5-47）。物资域内，通过高效数据治理，实现供应商模块数据贯通应用，对于结构化业绩核实证明数据，投标阶段直接一键复用，评标阶段自动客观量化；对于不良行为信息，评标模块实施同步、直接抓取，实现自动否决。物资域外，高效采集基建、运检、营销等各大专业的跨业务条线数据，按照映射规则转化成供应商群体的绩效评价，数据由供应商管理贯通至采购模块，实现变电设备基于运行绩效的客观量化比优。有效支撑供应商关键评审要素自动获取与智能评审，真正实现“数据一个源，业务一条线”。

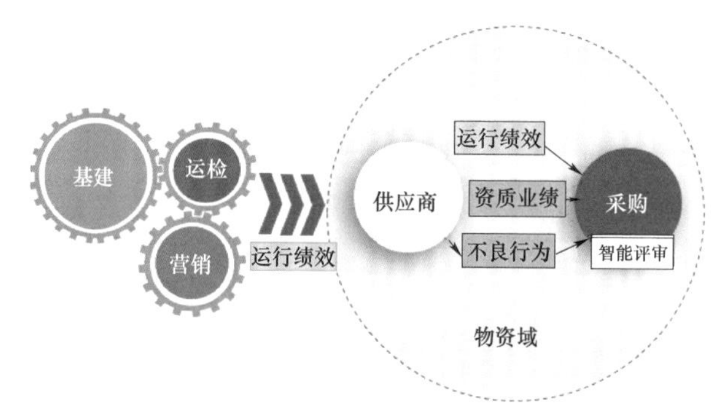

图 5-47　供应商评审要素自动获取与智能评审

6）评标现场智能化管理（见图 5-48）。创新性采用无线脉冲定位与生物识别技术，通过定制智能终端设备，开发智能门禁、智能定位和智能 app

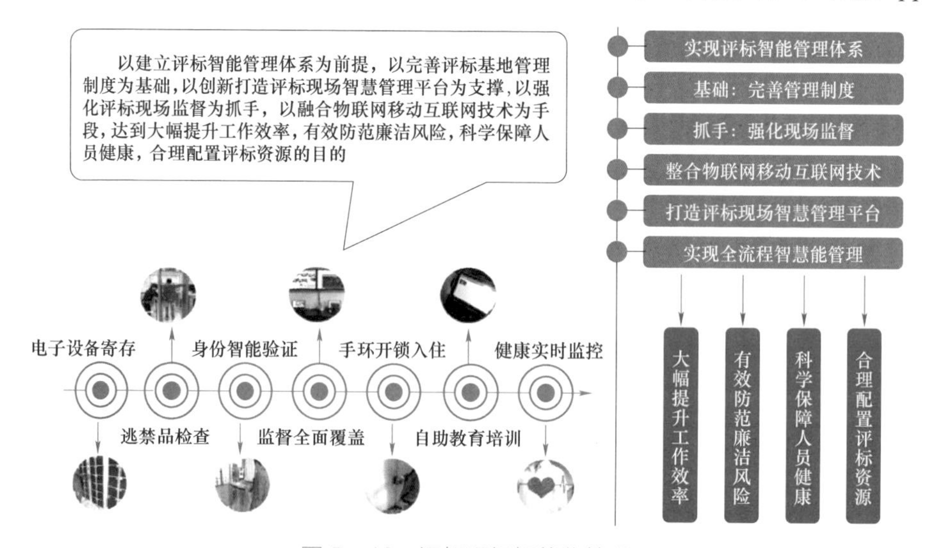

图 5-48　评标现场智能化管理

应用等系统，构建评标专家现场智慧管理平台。集成专家管理、会务服务、现场监督等功能，提高评标专家入场流程效率；专家身份自动检索、智能比对；加强专家行动轨迹管控，确保专家在规定区域内活动；实时监测专家身体健康，确保专家在无通信手段情况下可自主紧急呼救；为专家提供票务查询、办理等自助服务，打造现代化、智能化、人性化评标专家现场管理新模式。

（2）数字物流。搭建跨专业信息共享平台，以服务为中心，以需求为导向，以物资调配、合同管理、仓储配送建设为主线，通过大云物移智技术与物流业务深度融合，推进资源可视化、单据电子化、储配智能化、作业移动化，全面提升业务办理效率、资源配置效益、供应服务效果和基础管理水平。

1）物资合同全程电子化应用。推行物资合同电子化应用，签订、履行、结算业务线上无纸操作，随时掌上移动办理，让供应商“最多跑一次”或“一次不用跑”，助力改善营商环境。合同签章、履约单据电子化、结算支付申请自动化作业如图 5－49 所示。

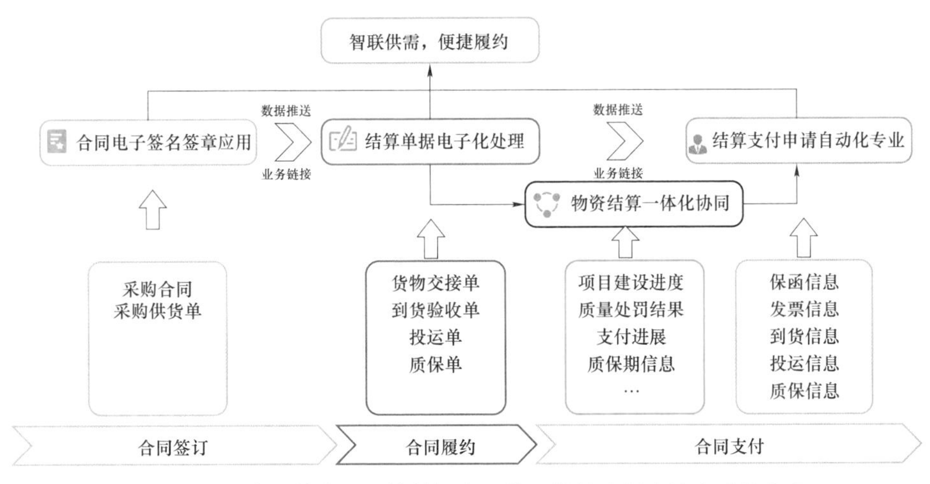

图 5－49 合同签章、履约单据电子化、结算支付申请自动化作业

推进物资合同文本电子化应用，依据招标采购结果自动生成合同文本，在线起草与流转，应用电子签名签章技术，在线移动办理合同审批，节约纸张、时间和差旅成本。在线签署流转到货交接、验收、投运、质保等单据，提高业务办理效率。

推动贯通国税系统数据平台，供应商发票信息自动采集、智能验审比对，完成发票校验。自动对接合同账款支付比例，预算、支付申请一键生成，在线审批。合同货物质量问题处罚、质保期延长、罚金收缴等信息在线记录。

2）全网资源可视调配（见图 5-50）。建设物资调配平台，监控业务流、实物流、资金流运营情况。以实物 ID 为载体，采集物资生产、出厂、运输、仓储、配送、报废等环节实物状态与位置信息，动态监控“物的流动”。将合同订单、协议库存、实物库存、供应商库存资源汇聚形成数字“资源池”，物资状态全程跟踪追溯，全网资源做到“处处可看、件件好找、时时能调”。统筹供应商产能及运力资源，根据实际需要开展跨区域、跨法人、跨项目物资调拨，实现全网资源“一盘棋”，分级调度与指挥。

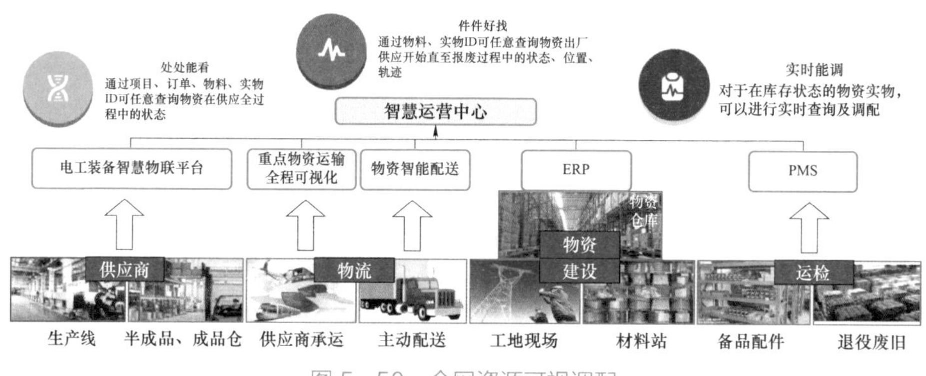

图 5-50　全网资源可视调配

3）仓储业务自动化管理。建立涵盖仓库名称、规模、位置、设备设施信息的完整资料库，形成“一张地图”的仓库信息电子档案。应用实物 ID、仓储管理系统（WMS）、自动化物流装备，智能办理出入库、上下架和库内盘点作业，实现出入库、盘点业务自动识别、移动办理、电子化应用。建设“分散储备、信息集中”的云仓库存平台，遍布全网实物资源云上共享、移动互联、透明可视。

4）可视选购主动配送。推动更大范围共享库存资源，向用户开放库存查询、点选窗口，超市化浏览、自主下单，提高用户服务体验。主动开展配送业务，配送计划、运输轨迹、实物交接、配送结算全程在线，实施库存物

资送货到站、限时供货、预约领料。实时在线监控车辆运输轨迹和运输信息，对物资接收等关键节点状态在线监控，确保运输安全、及时到货。

5）废旧物资绿色处置。报废物资拆除、回收、交接、竞价、处置、资金回收全程电子化操作，实现退役拆除资产实物可视化管理。智能分包、合理设置起拍价和底价，通过大数据技术及时对废旧回收商进行智能评价并应用到竞价环节，推进废旧物资处置全流程智能提升。规范报废变压器、废蓄电池等电网废弃物环境无公害处置，减少环境污染。

（3）全景质控。全景质控以新技术运用为支撑，通过平台自动智能采集或作业现场移动采集，全方位收集供应商资质能力、合同履约及其产品生产制造、安装调试、运行维护、成本费用等信息，开展多维评价及全息画像，持续优化采购策略、质控措施，实现对设备质量风险的智能辨识、精准溯源、有效防控。

1）质量监督信息智能采集（见图5－51）。系统自动采集现场监造、抽检质量数据，包括生产制造、试验检测数据等，以及质量问题信息反馈。

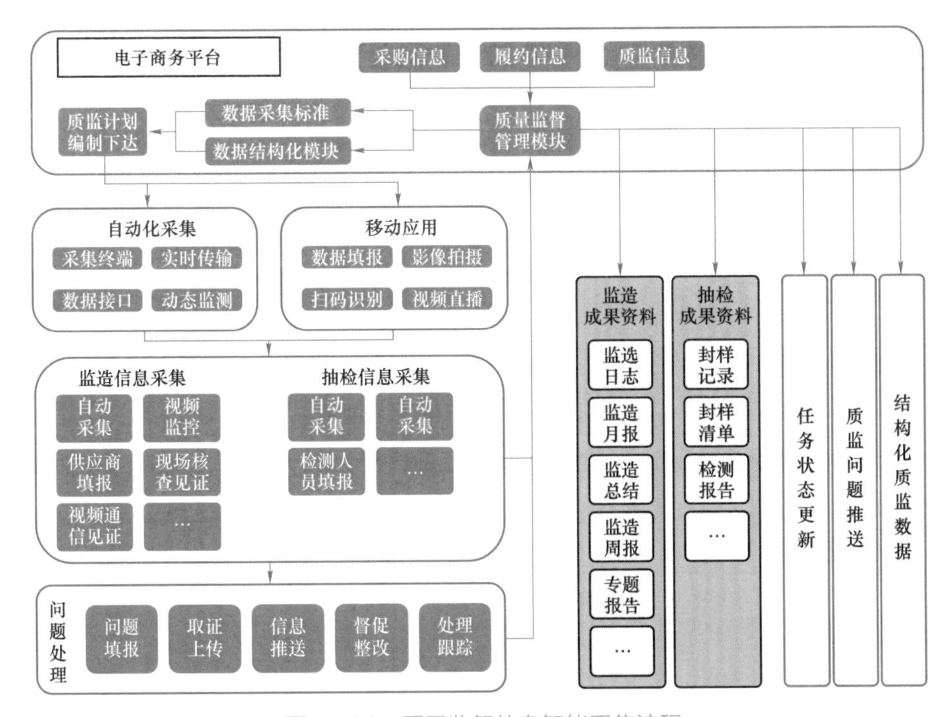

图5－51 质量监督信息智能采集流程

子商务平台中，形成结构化的质量监督数据，同时支持将质量问题推送至其他业务功能模块，实现质量信息的共享共用。

2）全寿命周期质量信息归集与问题精准溯源（见图 5-52）。协同基建、运检、营销等多部门，基于实物 ID 通过物联网、移动互联等技术，按标准化模板归集不同环节、不同专业的质量信息，形成全寿命周期质量信息数据库，推动物资质量信息的有效贯通，支撑物资质量信息全口径归集与共享。

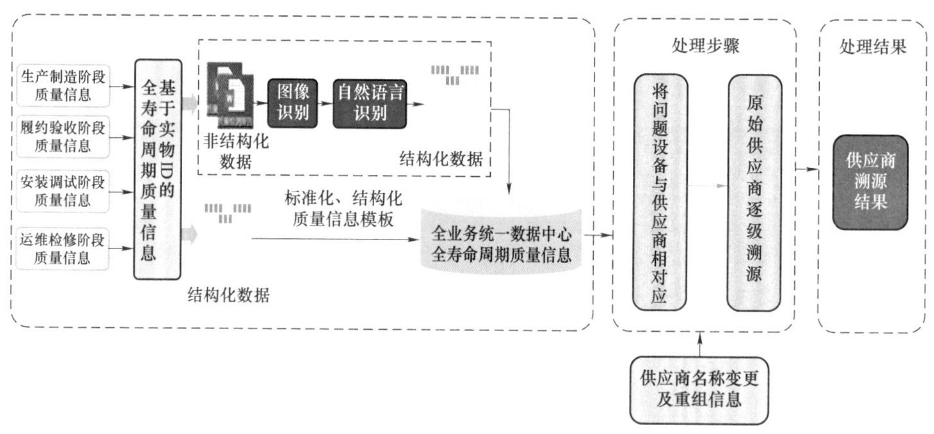

图 5-52　全寿命周期质量信息归集与问题精准溯源流程

3）仓储、检测一体化配置。加强配网物资仓储与质量抽检业务协同，按照“集中储备、就地抽检”的原则，在入库物资规模较大、周转率较高的区域中心库或周转库，就地或就近建设检测中心，实现仓储、检测一体化管理，减少仓库至检测中心的运输时间及运输成本，实现入库物资的到货批次抽检全覆盖。

4）电表质量检测、设备运行缺陷全息多维评价（见图 5-53）。基于供应商全息多维评价体系应用目标，开展营销部 MDS,设备部 PMS 系统业务数据需求及数据溯源分析，确定业务数据接入范围及全业务统一数据中心接入方案，支撑电能表、主配网设备全息多维评价体系（M2 生产供货、M3 安装服务、M4 运行质量）基础指标取数运算、评价得分结果应用于电能表、主配网设备招标采购，差异化评价优先供应商。

在电表质量检测、设备运行缺陷全息多维评价建设成果基础上，后续进

一步扩大数据贯通范围、丰富评价物资品类、细化评价指标精度，建立品类齐全、应用广泛的国家电网公司物资供应商全息多维综合评价体系（AMS）。

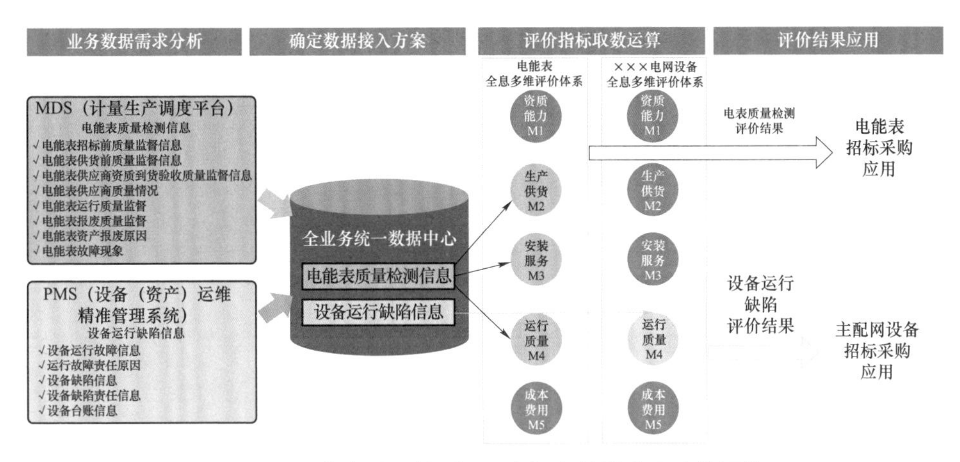

图 5-53 电表质量检测、设备运行缺陷全息多维评价

5）供应商分级分类及全息画像的应用（见图 5-54）。归集供应商内外部数据信息，包括内部供应商企业规模、生产能力、供货业绩等基本信息；生产供货、安装服务、运行质量等履约服务行为数据；外部企业征信、违约、

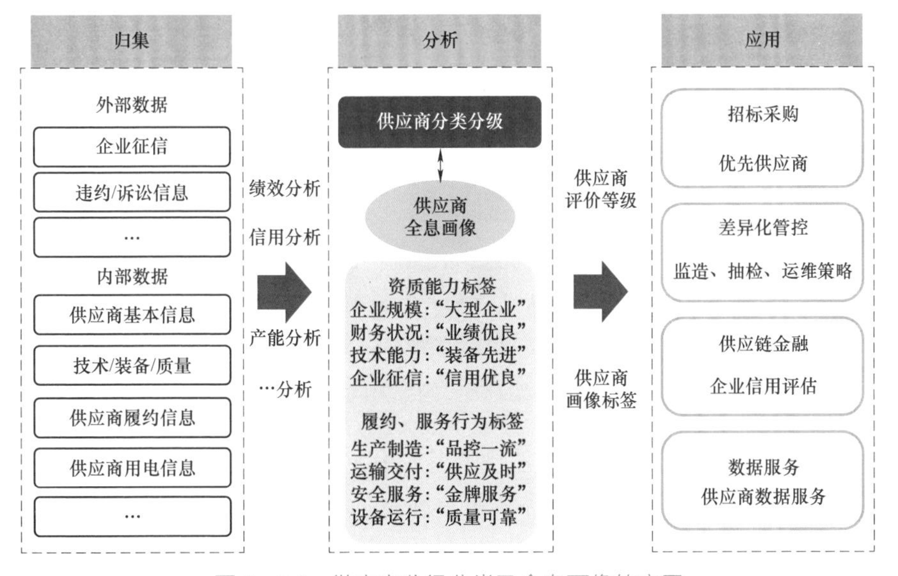

图 5-54 供应商分级分类及全息画像的应用

诉讼信息。运用大数据画像分析技术，挖掘供应商基础、行为特征标签，构建供应商全息画像，支撑供应商分级分类建设。强化供应商评价等级、供应商画像标签应用领域，一是运用于招标采购中的应用，实现优选供应商；二是运用于全寿命周期设备质量管控，制定差异化的设备监造、抽检、运维策略；三是运用于金融单位开展企业信用评估，增强风险预控能力；四是对公司内部及供应商提供精准数据服务。

（4）内部协同（见图 5－55）。依托“国网云”和全业务统一数据中心，将发展、建设、设备、营销、财务、人资、产业、国际等专业信息融合贯通。同时，以现代（智慧）供应链信息化落地场景为基础，优化各专业系统业务流程，完善系统功能，强化各专业间业务的耦合度和关联度的聚合，保障各专业间业务深度融合和系统间的信息共享、数据融通。在信息共享，多方发力的基础上，坚持“质量强网”战略，以高质量的设备保障坚强智能电网安全稳定运行，实现公司内部各专业守正、质效提升，达到“高效协同，慧升效能”的效果。

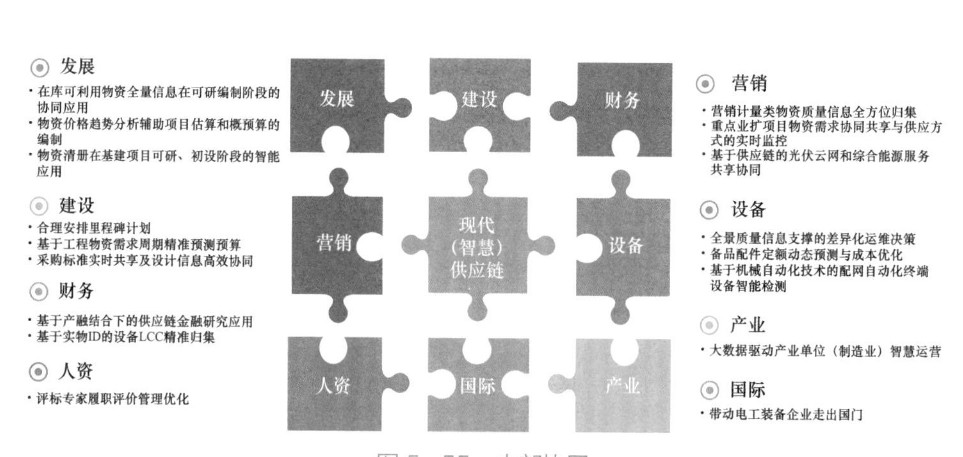

图 5－55　内部协同

（5）智慧运营中心。智慧运营中心是现代（智慧）供应链的“大脑中枢”，分别由总部及省公司两级物资部负责运营管理，通过汇聚内外部数据，指挥供应链各方协同运作，分析业务情况，发现业务规律，发掘数据资产价值，

掌控供应链运营情况，对后台提供业务预警、策略优化等服务，支撑前台向服务对象提供优质服务,不断改善供应链运营效率和效益，实现有序运作、智慧运营。智慧运营中心能力如图 5-56 所示。

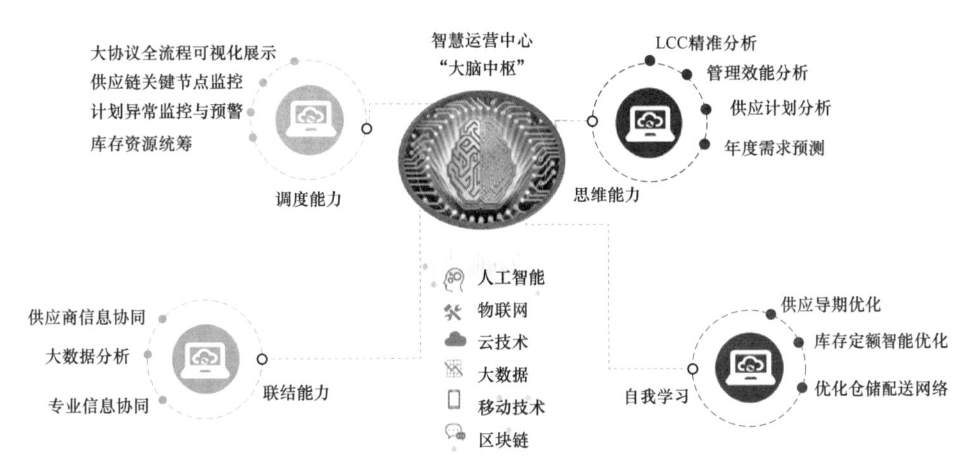

图 5-56 智慧运营中心能力

智慧运营中心遵循“专业分工、协同运作、规范高效”的原则，以专业视角、全供应链视角以及规范性视角划分形成“3+1+1”业务板块，各板块按照统计分析、监控预警、业务预测、策略优化、指标管控与业务指令六方面功能设计建设。智慧运营中心业务架构如图 5-57 所示。

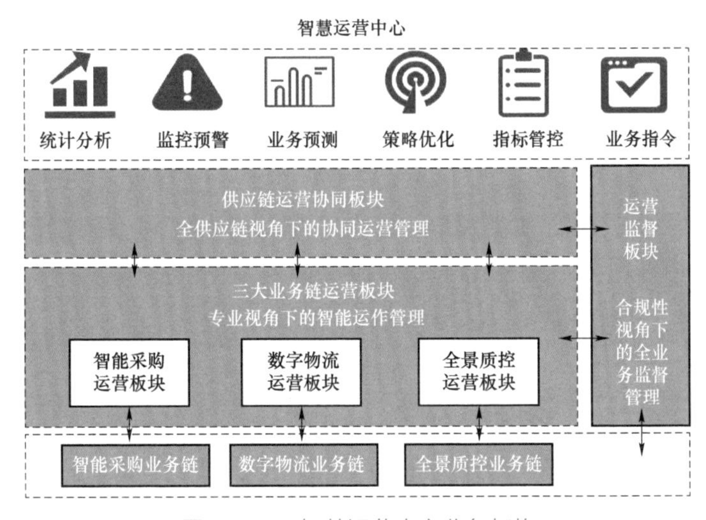

图 5-57 智慧运营中心业务架构

通过建设智慧运营中心，实现海量数据的实时分析、灵活分析，全面获知业务态势、精细勾描用户画像、深度洞察运营规律，用数据精准指导、指挥业务运作，向供应链数字化运营、智慧运营转型，提升业务协同和资源整合能力，发挥供应链资源配置枢纽优势，推动公司高质量发展，服务电工装备生态圈。

（6）物资业务一体化移动应用（e 物资）（见图 5-58）。应用移动互联技术，建设国网物资业务一体化移动应用（e 物资），按照“统一门户、分区操作”的应用原则，分别由总部和省公司开发一级部署组件（ECP2.0 系统信息交互）和二级部署组件（ERP 系统信息交互），最终由总部通过统一门户发布。

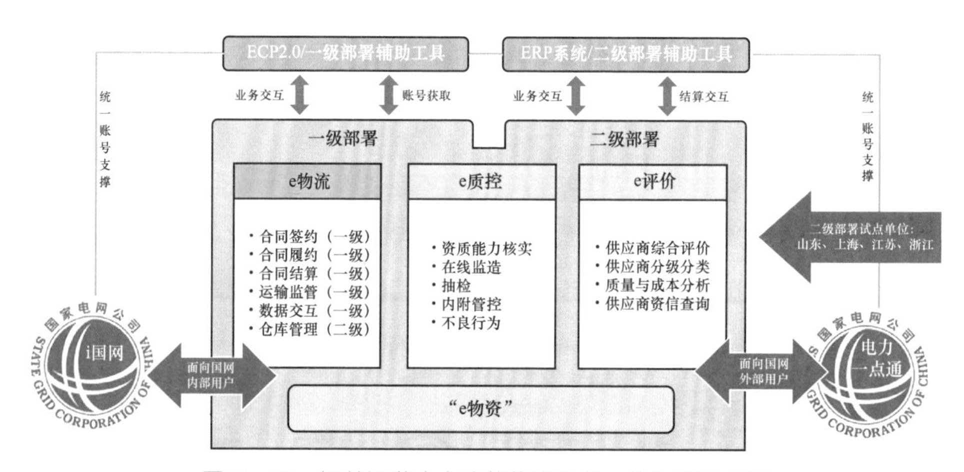

图 5-58　智慧运营中心功能物资业务一体化移动应用

通过物资业务一体化移动应用（e 物资）建设，打破应用的终端、时间、地点限制，面向内外部各类用户，统一业务、统一入口、统一管理的物资业务移动应用，强化供应链全程业务协同与融合，实现供应商办理业务一键操作，内外部用户统一门户登录、分级分区操作，提高业务办理的便捷性和高效性。

4. 价值与效益

现代（智慧）供应链建设对传统物资管理进行全方位、全链条的质量、效率变革提升，为推动公司“两网”融合贡献物资智慧。

（1）以高质量的设备保障坚强智能电网安全稳定运行。智能采购、选优选强。突出供应商质量保证责任，客观量化评审要素和供应商评价结果并应用到招标采购中，甄选质保能力强、运行绩效优的供应商和技术先进、品质保证的产品。全景质控、多方发力。健全一体化质量监督协同机制，将生产制造、到货验收、安装投运、运行绩效、退役报废等全寿命周期质量信息应用到供应商全息多维评价中，压实各方质量监督责任，层层把好设备入网关。信息共享、联防联治。依托电子商务平台，在全网及社会范围内，建立质量信息与资信评级“联动”机制，对供应商形成有效震慑，促进提升产品质量。

（2）用高质量的供应服务满足各级电网建设和运营需要。服务基层、快速响应。采购批次全面开放，基层单位按需实时申报，“班车”批次注重规模效益，“专车”批次突出灵活高效，快速响应紧急需求，分层分级实施采购，快速响应采购需求。服务用户、提升体验。以需求驱动前端业务融合，实物及订单资源向用户开放，配网标准物资“仓储、检测、配送（储检配）”一站式作业，需求单位一键点选、按需配送、质量保障。供应商办理业务不再“线下跑单”，业务协同、单据签署、资金结算“掌上”一键完成。服务公司、智联互通。将分散在生产、运输、仓储、现场、班组、变电站、供电所的物资互联互通、全网可视，实物由“线下”汇聚“线上”，需求精准匹配，资源高效利用。

（3）实现供应链专业管理与供应链运营协同运作。发挥资源枢纽和统筹优势，智能分析物资供需形势，提前预判供应商产能运力能力，统筹调配闲置资源，提高资源利用效率，降低供应链总成本。依托“物联”和“业务链”两大基础数据，通过数据驱动促进专业融合贯通，强化数据分析、监控预警，推动数据运营，为供应链管理质效提升提供决策支撑。发挥供应链管理平台影响力，实施平台战略，研究供需对接、资信评级、金融服务、再生资源处置、数据增值等新兴业务，为供应链提升价值创造能力提供服务支撑。

第二节　对外应用案例

典型的对外业务应用案例目前主要体现在打造智慧能源综合服务平台和培育发展新兴业务两个方面。其中，智慧能源服务系统和电工装备智慧物联平台为打造智慧能源综合服务平台的典型应用案例；光伏云网、智慧车联网和大数据应用为培育发展新兴业务的典型应用案例。

一、打造智慧能源综合服务平台

（一）智慧能源服务系统

1. 概述

智慧能源服务系统是连接电网（大电网、微网）和用户侧新型智能设备，通过市场化手段对其发电、用电曲线进行引导和调控，建立面向用户的智慧能源控制与服务体系，满足电网日益增长的清洁能源消纳、削峰填谷、调压调频等运行需求。智慧能源服务系统定位如图 5－59 所示。

图 5－59　智慧能源服务系统定位

2. 主要内容

智慧能源服务系统采用“工业物联网+互联网”的建设思路，在内网建

 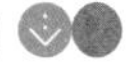

设基于工业物联网的采集控制系统，实现业务生产数据实时采集和监控；在外网依托车联网建设服务共享平台，实现用户需求响应和友好互动。

智慧能源服务系统采用总部一级部署，未来基于平台现有服务资源采用“多租户”方式构建27网省智慧能源服务省级应用，并在网省部署数据接口服务器，实现异构接口/数据的标准化。

3. 核心应用场景

典型场景1：天津智慧能源小镇

重点建设“两镇一中心”，打造具有电网状态全息感知、运营数据全面连接、业务全程在线、客户服务全新体验、能源生态开放共享等典型特征的智慧能源落地实践。“两镇”即中新天津生态城（惠风溪）小镇、北辰产城融合区（大张庄）小镇，针对惠风溪高比例清洁能源利用、大张庄电冷热气综合能源互补的区域特点，分别打造生态宜居型和产城集约型智慧能源小镇，推进两网融合发展，支撑天津智慧城市建设。示范区供电可靠性将超过99.999%，清洁能源消费达90%，户均节能15%以上。“一中心”即综合能源服务中心，打造国际领先的智慧能源公共服务平台，支撑新模式、新业态、新动能。

典型场景2：雄安能源互联网小镇

基于泛在电力物联网，打造“本地+云端”的自律协同的城市综合能源服务家族化平台，实现跨行业数字能源信息共享、智慧高效能源公共服务、综合能源一体化运营管理，支撑雄安新区能源互联网建设。雄安泛在电力物联网建设从“技术硬核、多模场景、商业模式”三方面提前布局、协同推进。在雄安新区智能小镇利用城市综合能源服务平台实现多能流管理、优化调控、智能需求响应、运维管理一体化运行、能源规划运行一体化决策，为不同业务主体提供多场景、多模式、差异化应用服务。以泛在电力物联网为基础，城市综合能源服务平台为“神经中枢”，实现不同能源的耦合互补与最优能流调控、客户年平均停电时间少于5min。

典型场景3：宁夏工业园区智慧能源服务

针对宁夏高比例新能源和大工业集中的特点，建设省级智慧能源数据服务平台，贯通调度、营销、车联网、光伏云网，覆盖能源产—输—储—用全环节信息，实现能源大数据共享与新业态增值服务。源侧，完成历史、实时和未来三态数据的整合与全景展示，服务新能源的运行与交易；荷侧，完成主要工业园区无线专网建设和智能感知、边缘代理的物联网站端部署，实现对各类用户监测、分析、诊断和指导；网侧，开发多能互补、源—荷互动的能量管控系统，提升电网灵活性。形成智慧能源服务平台的标准体系；实现4种典型数据服务模式和业态。平台新能源数据接入率达99%、减弃5%。大用户监测率达70%，产值单耗减少2%。

4. 价值与效益

（1）保障电网更清洁、更高效。① 通过用户侧响应集中式和分布式光伏、风电出力变化，消纳清洁能源发电，实现电力调度的“以产定消”。② 通过用户侧参与削峰填谷、需求响应、辅助服务，最大限度利用现有供电能力，提高运行效率，避免或延缓电网投资。

（2）为用户提供更经济、更便捷的用能服务。① 通过消纳弃风弃光电量，降低用电成本，通过参与削峰填谷、需求响应、辅助服务，创造服务收益。② 为用户提供用能设备的建设咨询、方案设计、报装接电和智能化的运行监控、运维检修、计量结算、个人桩分享一条龙服务。

（二）电工装备智慧物联平台

1. 概述

电工装备智慧物联平台从质量强国、质量强网需求出发，结合泛在电力物联网建设的全面系统部署，借助企业核心资源，促进企业内部融合贯通，

带动外部产业协同合作，提升电工装备领域工业互联与产用结合能力。电工装备智慧物联平台建设框架如图 5－60 所示。

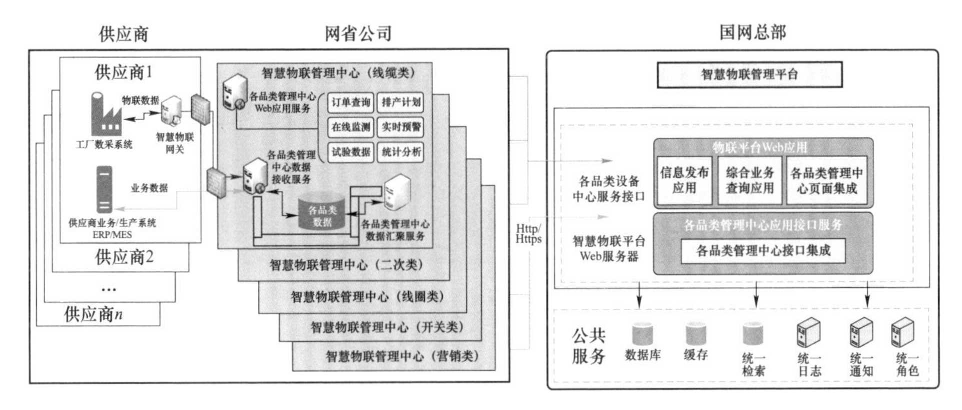

图 5－60　电工装备智慧物联平台建设框架

基于“接入自愿、开放共享、协同高效、价值共赢”的原则，以“1 个平台、2 个服务、3 个提升”为目标，构建电工装备智慧物联平台“数据分析、全景可视、智能监造”的三项能力。“1 个平台”即秉承“开放、共享、合作、共赢”理念，构建电工装备智慧物联平台；“2 个服务”指的是：对内为各专业提供精准的物资供应全过程信息服务，对外为供应商提供大数据分析增值服务；“3 个提升”指的是提升电力设备采购质量，提升供应链运营管理水平，提升电工装备制造行业核心竞争力。

2. 主要内容

电工装备智慧物联平台是以电工装备制造业数据全网互联共享为核心，利用大数据、云计算、物联网和人工智能等新技术，实现对电工装备供应商物联数据和业务数据的智能感知、协同交互、共享汇聚和分析应用。平台建设核心内容主要包括供应商接入（工厂侧采集系统、智慧物联网关）、智慧物联品类管理中心、智慧物联管理系统、智慧物联数据汇聚与应用四部分。电工装备智慧物联平台技术架构如图 5－61 所示。

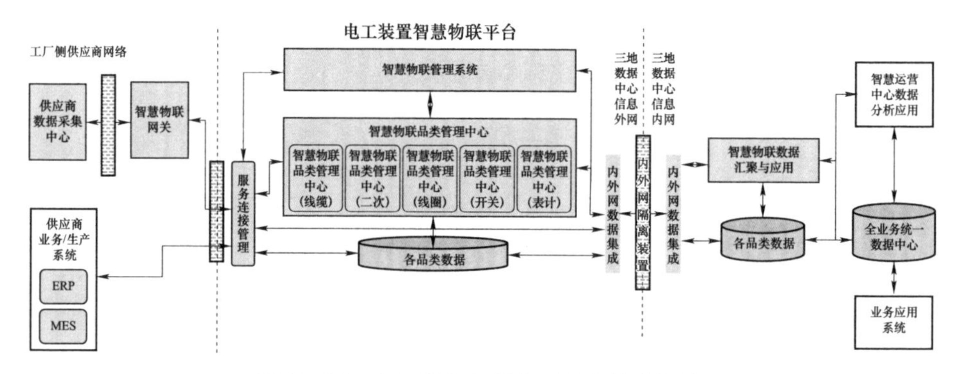

图 5-61　电工装备智慧物联平台技术架构

3. 核心应用场景

基于供应商生产数据准确评估电工装备质量和供应商生产水平，结合公司内部采购数据，关联外部数据，从上游供应商正向拉动公司的采购策略优化，再根据公司实际应用情况反向推动上游供应商质量水平的提升。开展智慧物联应用分析，为提升采购设备质量，实现优选供应商提供有效的数据支撑。电工装备智慧物联平台供应商分类接入如图 5-62 所示。

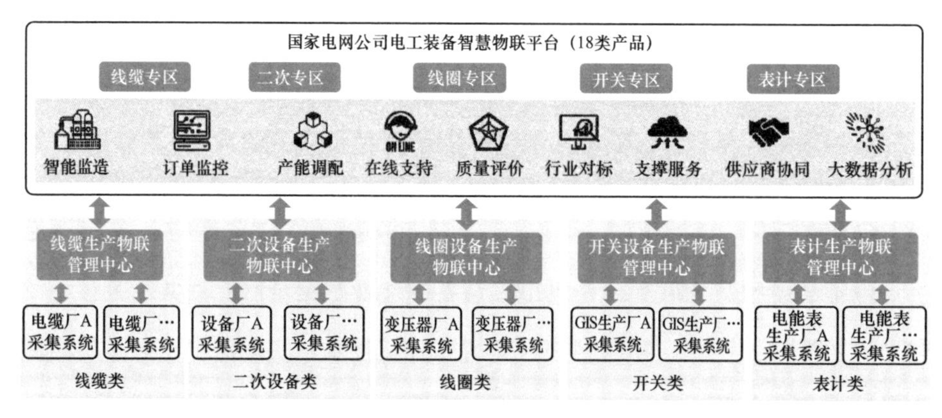

图 5-62　电工装备智慧物联平台供应商分类接入

（1）智能监造。通过电工装备智慧物联实时获取生产线生产状态数据、工业控制数据、视频监测数据、设备检测数据，实现对生产及检验流程实时监控；通过对于不同品类设备生产工艺的实时数据进行逻辑固化，通过系统自动分析生产坏点，在预警同时能自动截取坏点前后的生产数据（包括视频数据）进行存档待查；通过平台数据采集分析，实现监造策略及生产过程评估与优化；与供应商操作人员进行问题协同，对关键工序问题进行提醒并给出生产工序优化建议。

通过主动抓取生产订单的每道生产工序的数据，形成相应的分析图表，更加直观展示生产情况。通过将一采购订单多分支生产订单的进度监控，能够支持多订单的实时数据与历史数据监控和追溯。

（2）订单监控。以国家电网公司采购订单和所属项目信息为主线跟踪产品制造全过程，包括：国家电网公司侧的采购订单、所属项目，供应商侧销售订单、生产订单、生产工单、生产过程监测及控制信息、出厂试验信息等环节，做到订单生产轨迹的可视可分析、实时可查询。对于制造过程中出现的质量等问题，国家电网公司及供应商可以及时发现、及时解决并对问题进行追溯。

（3）产能调配。物资管理部门通过品类管理中心实时获取供应商 ERP 系统中的库存信息和 MES 系统中的排产信息，通过现代（智慧）供应链的智慧运营中心分析供应商生产能力，跟踪并分析包括多产品、多品类的设备生产饱和度、产品生产周期、合理供货周期、交货计划与到货进度等供应商产能信息。

（4）在线支持。用户在抽检、安装调试、运检、运维过程中，出现设备型号不符、产品尺寸偏差、设备运行缺陷等无法解决的技术问题和设备故障时，现场人员可以通过电工装备智慧物联系统向技术专家（用户和供应商）申请在线支持，技术专家开展问题远程诊断分析，通过视频、音频等方式提供远程指导和支持，对质量、服务问题跟踪追溯。

（5）质量评价。用户通过电工装备智慧物联系统对生产过程数据、工序及工艺数据、生产设备产品数据、IT 系统数据进行采集分析，并利用在系统中预制的专业产品质量评价模型对供应商工序及工艺进行评价。对发现问题进行反馈回溯给供应商并形成按天汇总数据、按订单为维度形成的订单两种质量报告供业务人员参考。

（6）供应商协同。利用现代（智慧）供应链综合服务门户及一体化物资业务移动应用及时向供应商反馈交货时间预期、安装调试、设备运行、供应商评价等信息，提高项目交付履约及时性，实时跟踪设备故障及缺陷发起、解决进度、处理结果，为供应商履约协同提供支撑。

（7）行业对标。对生产设备稳定性、自动化程度，供应商生产工艺水平，供应商产品检测能力、运行质量等多厂商、多产品、多品类供应商的产品质量、服务等信息进行多维大数据分析并进行横向和纵向对比，建立行业对标指标，形成行业对标报告。

（8）支撑服务。实现对产品质量数据及产能情况，新产品、新技术、新工艺研发能力，供应商履约情况，售后服务体系等数据对基建、运行、检修、技改等用户的主动共享，并对运维方案，设备报废计划等的定期主动推送，实现电工装备的全生命周期管理。

（9）大数据分析。将大数据价值挖掘结果共享，对内指导电网建设和运行，对外引导电工装备制造行业技术改造和产能升级。主要包括：① 采购价格合理评估；② 招标采购的定标支撑；③ 供应商全息画像；④ 供应商产能评估；⑤ 抽检策略动态优化；⑥ 抽检质量问题追溯策略；⑦ 设备故障点定位分析；⑧ 差异化运维策略实施；⑨ 设备监造关键点定位分析；⑩ 供应链金融服务支撑。

4. 价值与收益

（1）经济效益。针对重点业务应用，充分运用大数据、人工智能等信息技术，创新优化提升制造环节订单监控、产能调配、质量评价、行业对标、供应商协同、全生命周期管理等核心业务，打造“透明工厂”，并提供在线支持，提供远程诊断分析，减少现场人力、物力、管理等成本的投入。

（2）社会效益。电工装备智慧物联对国家电网公司内外部业务拓展及电工装备制造行业有重要影响。通过对深度了解供应商的产能、服务能力及经营状况等，服务于系统内金融单位挖掘潜在客户和风险评估，同时为供应商提供产融融合的增值服务（供应链金融服务）；通过大数据价值挖掘结果共享，对内指导电网建设和运行，对外引导电工装备制造行业技术改造和产能升级。

二、培育发展新兴业务

（一）光伏云网

国网电子商务有限公司充分应用“大云物移智链”等先进信息通信技术，打造状态全面感知、信息高效处理、应用便捷灵活的国家电网公司分布式光伏云网（简称光伏云网）。

1. 概述

光伏云网是综合运用大数据、云计算、物联网、人工智能、区块链等技术，以电站运行、气象、补贴电费等数据为主要数据源，以“科技＋金融＋服务”为特色，整合全产业链资源，构建“线上平台＋线下服务”的生态体系，实现分布式光伏规划、建设、运营、结算、运维的“互联网＋光伏”综合服务云平台，也是国内最大的“科技＋服务＋金融”共享服务平台。同时，依托光伏云网，建成全国光伏扶贫信息监测中心，实现服务光伏扶贫电站建设运营全流程管理，成立光伏学院，打造“学习＋监测＋服务”的新业态。

截至2019年3月底，国家电网公司经营范围内分布式光伏电站全部接入光伏云网，累计接入120.59万户、5241.17万kW，入驻优质供应商681家，上架单品1577件，累计交易额310.39亿元，线上报装16万单，线上结算15亿，带动上下游2000余家企业协同发展，初步形成分布式光伏生态圈，如图5-63所示。

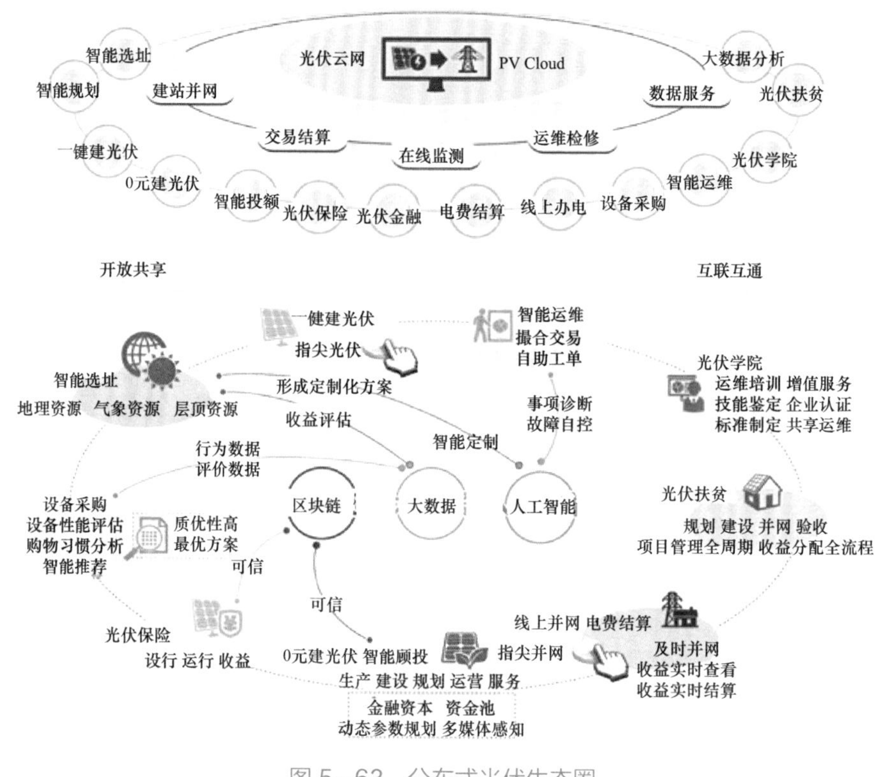

图5-63　分布式光伏生态圈

光伏云网架构以泛在电力物联网为基础，平台聚拢全产业、全服务、全价值链资源，服务分布式光伏生态圈，如图5-64所示。自主研发智能边缘计算终端，实现光伏电站运行数据实时采集和就地处理，实现“物—物”互联；通过电站运行状态与移动app互动，实现“人—物”互联；基于“云雾”协同平台建设开放共享生态，增强资源共享和服务能力，实现“人—人”互联，形成典型的“枢纽型、平台型、共享型”服务体系。

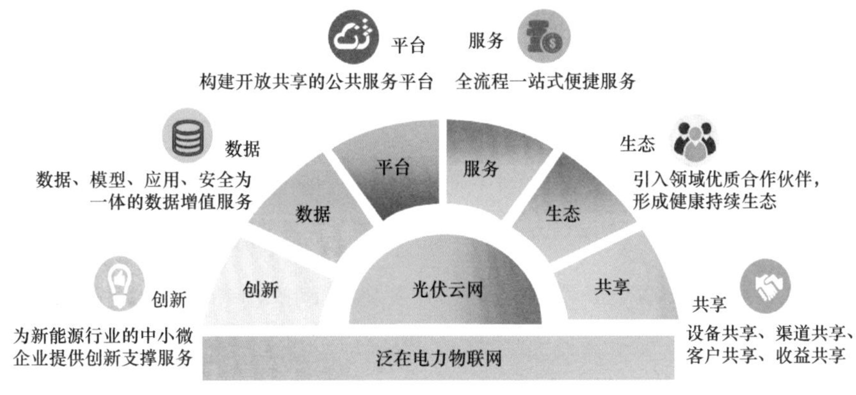

图 5-64 光伏云网架构

2. 主要内容

（1）构建分布式光伏服务生态圈。光伏云网通过整合分布式光伏全产业资源，为客户提供并网接电、电费结算、运维监测、金融服务、数据分析等线上线下全流程一站式服务，建立基于泛在电力物联网的架构体系，全面实现能源生产与消费各环节人、机、物高效连接与互动。

（2）实现内外部业务数据融合。光伏云网打通内部营销业务应用、用电信息采集、财务管控与外部气象、金融、第三方监控平台等信息系统，构建系统内外能源、业务、数据高效融合和快速响应的“大平台、微应用”构架体系，开展规划选址、消纳分析、预防性维护、电站运行评估、设备质量评价等模型分析，挖掘数据价值，实现数据资产化。

（3）自主研发泛在物联关键技术及设备。通过与高校及科研机构合作，研发适应新能源场景的边缘采集系列装置、能源路由器，满足光伏、风电、储能、交流电网和交直流负载的数据实时采集处理和能量一体化管理，实现状态全面感知、性能精准量测、数据全面连接、智能控制决策。

（4）实施 5G 通信技术示范应用。联合科研机构开展 5G 技术在光伏云网的试验应用，可为数据采集、运行监控、电费结算等不同类型业务提供隔离独享的网络切片，保障不同业务的差异化需求与服务质量，奠定了无线远程监控的技术基础。光伏电站各项数据快速传输到后台，实现电站动态监测；发生故障时，通过大数据故障分析模型精准分析，可以快速诊断故障原因。

（5）建成全国光伏扶贫监测中心。2018 年 9 月 8 日，全国光伏扶贫信息监测中心正式揭牌成立，如图 5－65 所示。实现光伏扶贫项目的全生命周期管理，提供电站全景实时监测、电站收益动态分析、在线监测电站故障、扶贫成效分析等功能服务，助力光伏扶贫工作“可观、可测、可控、可溯”。

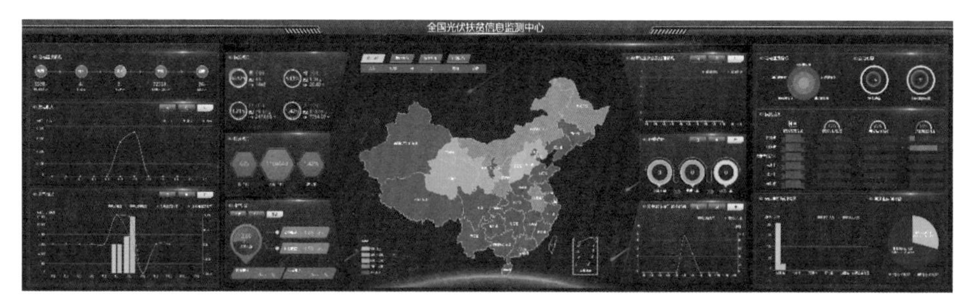

图 5－65　全国光伏扶贫监测中心

（6）推广光伏学院业务。依托光伏云网，正式成立光伏学院，打造了“线上平台＋线下服务”的运维监控一体化新业态。在贫困地区组织光伏运维培训，有力支撑了精准扶贫，贫困农户通过学习，可申请光伏运维岗位，提高就业率及收入，形成“输血—造血—再造血”的扶贫新模式。

光伏学院为学员设置的课程主要包括光伏理论、设备维护、现场操作、安全作业、光伏电站管理规范等，并对学员进行个人技能的鉴定。通过鉴定后，学员可以与光伏云网运维平台签约，并接收相关的运维工作派单。目前，光伏学院在全国范围内开展线上线下学习 1.75 万人次，实地培训发证 806 人次。

3. 核心场景应用

（1）电站建设运营“一网通办”。用户通过光伏云网进行建站咨询，查

看投资收益分析，确认建站意向后平台推荐建设厂商提供建站服务，启动电站建设后，用户可在线发起并网申请，确认接入方案，申请并网验收并在线签订合同，并网完成后可通过平台结算上网电费及补贴，实时查看电站运行情况及电费账单。并网完成时平台推荐运维厂商提供运维服务，电站运行异常时用户及运维人员可收到告警信息，运维人员上门完成运维服务，用户可在线进行服务评价。电站投运后用户还可根据需求在线发布电站交易申请，平台提供意向交易单位，辅助分析电站估值，完成交易撮合及在线过户业务办理，如图 5－66 所示。

图 5－66 基于光 e 宝 app 实现电站建设运营一网通办

（2）项目投资交易一站办理。投资机构可通过平台查看优质可投资项目库，对意向项目进行投资收益比对，平台运营人员辅助完成项目交易撮合。对于电站交易，平台出具电站运行评估报告及辅助估值分析，确保投资回报，同时交易双方可通过平台发起过户申请，在线完成电站交易过户。

（3）设备生产运行全周期管理。设备制造商入驻平台后，新设备可在线申请设备检定，查看检定结果并进行设备销售，设备安装运行后，通过平台获取设备运行分析数据，辅助设备质量提升；通过获取行业内主流设备安装及运行情况，指导市场战略部署；通过获取建设单位、EPC 厂商评级信息，辅助合作意向单位确立。

（4）电站监测维护全方位服务。运维厂商入驻平台后，可在线管理运维人员，监测服务范围内电站运行情况及运维服务质量，根据平台预防性维护建议编制常态运维计划、优化人员组织，同时可针对未纳入统一服务的电站运维工单，安排运维人员抢单，运维人员接单后可在线查看电站具体情况，导航至运维地点开展服务，服务完成后可在线结算服务费。通过光伏学院可安排运维人员线上学习课程、线下实操培训、开展技能认证，提高服务质量及效率。

（5）扶贫电站建设运行全周期管控。通过全国光伏扶贫信息监测中心，各级扶贫办可对光伏扶贫项目的前期规划、建设过程、实时监测、质量跟踪、验收评估、收益分配、运行运维、扶贫成效等环节进行精细化管理。通过在村级扶贫电站应用智能边缘计算采集终端，实现电站设备运行数据实时采集与加密传输，村民可以通过手机客户端实时查看电站运行状况和预期收益，增强参与感与获得感。

（6）智慧园区管理综合解决方案。在某高校建设基于泛在电力物联网的光伏云网综合示范项目，基于边缘采集系列装置及能源路由器等智能物联设备，对园区内分布式发电、储能、清洁供能、充电桩、柔性可控负荷等产能、用能设备进行实时监控、能耗分析、能量管理、设备运维和节能诊断，实现智慧能源能量协调优化控制和园区智慧管理。

4. 价值与效益

（1）服务清洁能源高质量发展。依托“大云物移智链”技术，提供一站式解决方案和系列增值服务，为分布式光伏发展和消纳提供决策依据。通过构建“产学研用”多元联动的分布式光伏服务生态圈，实现系统内外能源、业务、数据的高效融合和服务快速响应，打造“科技+金融+服务”的分布式

光伏创新服务新生态。

（2）打造助力精准扶贫攻坚战典范。基于光伏云网，建成全国光伏扶贫信息监测中心，实现光伏扶贫项目全流程、全周期线上化管理，支撑各级政府机构，让光伏扶贫工作“可观、可测、可控、可溯”。建立光伏学院，帮助贫困地区群众完成技能提升，打造“输血—造血—再造血”的扶贫新模式。

（3）培育清洁能源发展新动能。通过构建“客户聚合、数据融合、业务融通、开放共享”的分布式光伏公共服务云平台，形成典型的“枢纽型、平台型、共享型”服务体系，实时在线连接分布式能源电力生产与消费各环节的人、机、物，通过“互联网＋光伏”方式，开展制造业与互联网深度融合研究，构建开放共享的分布式光伏产业新模式，服务光伏产业智能制造。

（二）智慧车联网

1. 概述

充电设施是连接电动汽车、用户和电网的重要端口，是电动汽车数据、用户数据、能源数据交互的关键枢纽，具有典型的物联网终端特征，是国家电网公司泛在电力物联网在客户侧的重要入口。通过三年来的实践与探索，国网电动汽车服务有限公司初步建成了世界上最大、接入充电设施数量最多、覆盖范围最广的智慧车联网平台，实现充电服务、充电设施运维、设备接入、

用户支付、清分结算、电动汽车租售、出行服务、行业用户综合服务全环节智能化。智慧车联网监控三联屏如图 5-67 和图 5-68 所示。

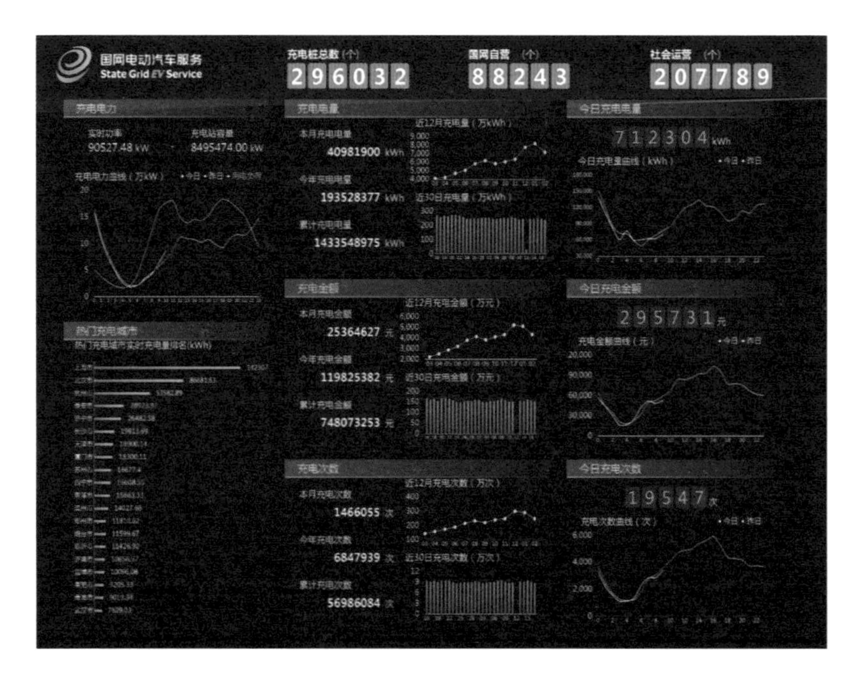

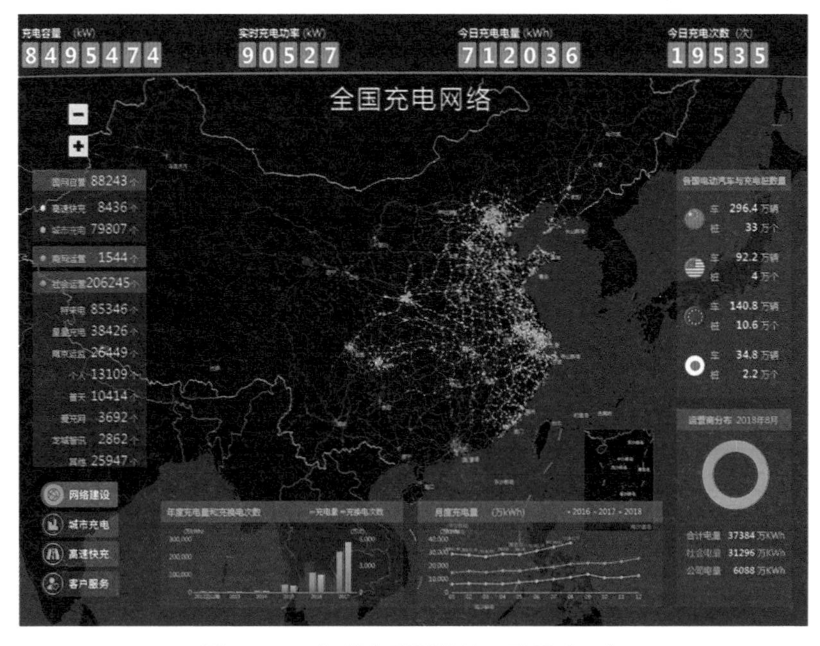

图 5-67　智慧车联网监控三联屏（一）

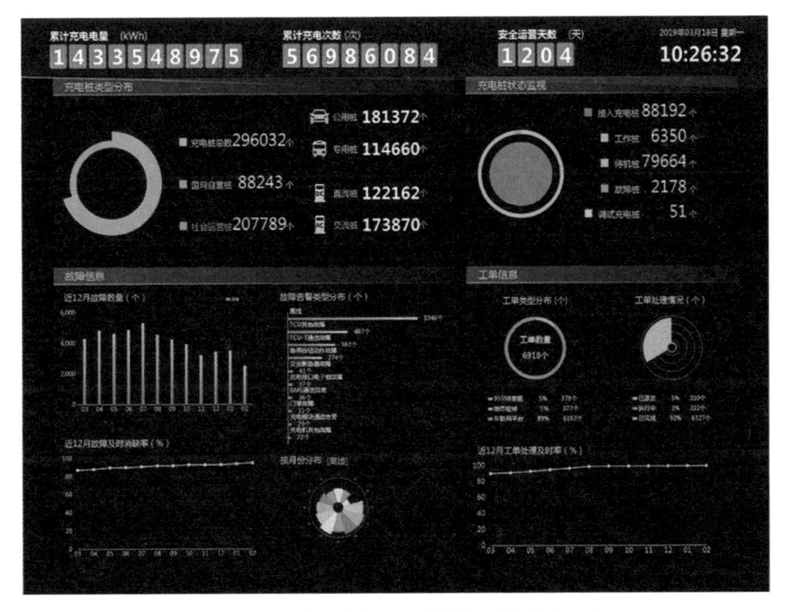

图 5-68 智慧车联网监控三联屏（二）

国家电网充电网络主要分布在京津冀鲁、长三角和中西部重点省会城市，高速快充站和城市充电站建设齐头并进，建成充换电站 11000 座、充电桩 8.8 万个，覆盖 26 个省、273 个城市，形成“全国一张网”的“十纵十横两环”高速城际快充网络，平均站间距离小于 50km。智慧车联网平台累计接入充电桩总数超过 28 万个，占全社会公共充电桩比例超过 80%；平台服务电动汽车用户数超过 130 万，占电动乘用车保有量比例超过 50%；年充电量突破 6 亿 kW・h，同比增长 53.9%。

2. 主要内容

国网电动汽车服务有限公司坚持平台战略，依托智慧车联网平台技术优势，立足三大业务板块的十大应用场景（如图 5-69 所示），围绕提高桩、车、船、储等设施接入率，打造一流开放平台，构建车联网生态体系等目标，全面推动主营业务平台化，开展基于智慧车联网平台的泛在电力物联网重点工程建设，包括智慧充电、智慧出行和智慧能源等业务。

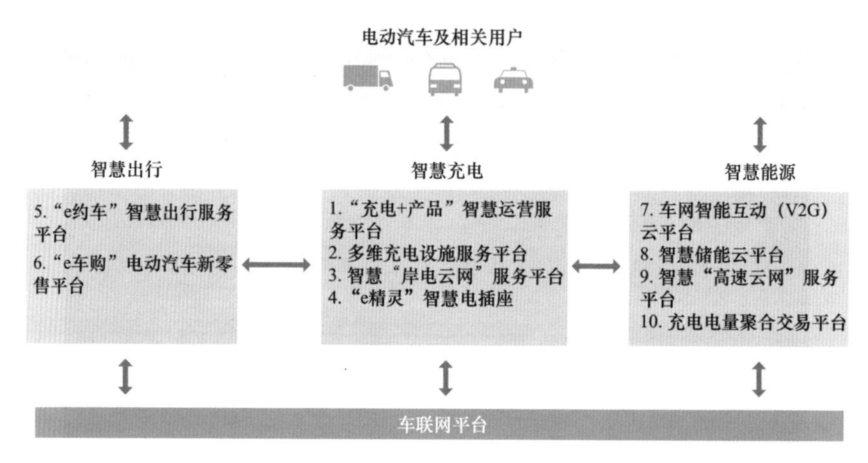

图 5-69 国网电动汽车服务有限公司泛在电力物联网十大重点工程

3. 核心场景应用与价值效益

（1）“充电 + 产品”智慧运营服务平台。

1）核心场景应用。为社会中小充电运营商、充电设施生产企业提供充电设施 SaaS 平台服务，包括接入、管理、运营、运维全生命周期服务；为出行运营商、主机厂提供充电数据服务产品；为智能物业、物流等其他领域提供充电管理、车辆管理等车充融合服务。“充电 + 产品”智慧运营服务平台如图 5-70 所示。

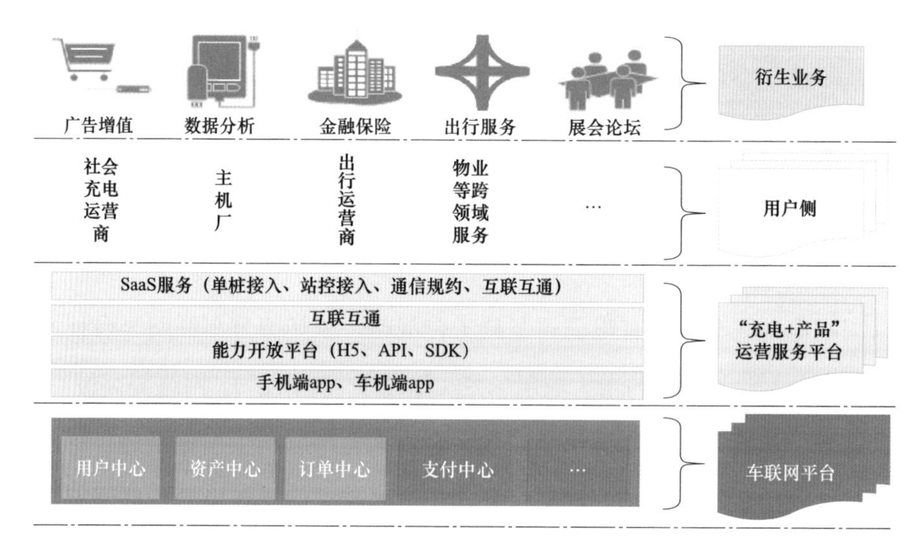

图 5-70 “充电+产品”智慧运营服务平台

2）价值与效益。极大地增加用户流量、桩的接入数量以及电动汽车用户黏性，提升精益化管理和多元化服务能力，提升数据增值和业务创新能力。有效降低中小充电运营商的运营成本及管理成本，可为政府、行业、企业提供标准的数据信息共享及交换服务，产业生态更加繁荣。

（2）多维充电设施服务平台。

1）核心场景应用。持续完善充电设施集约化运营方式和管理流程，规范充电设施全寿命周期的运营行为和技术要求，提升电动汽车充电设施资产运营水平。

2）价值与效益。平台将集合设备制造、工程建设、电力设计、施工监理等线上自主管理功能，打造多维一体的服务新生态，持续提高全社会充电设施全寿命周期可视化水平，促进电动汽车行业发展。多维充电设施服务平台如图 5－71 所示。

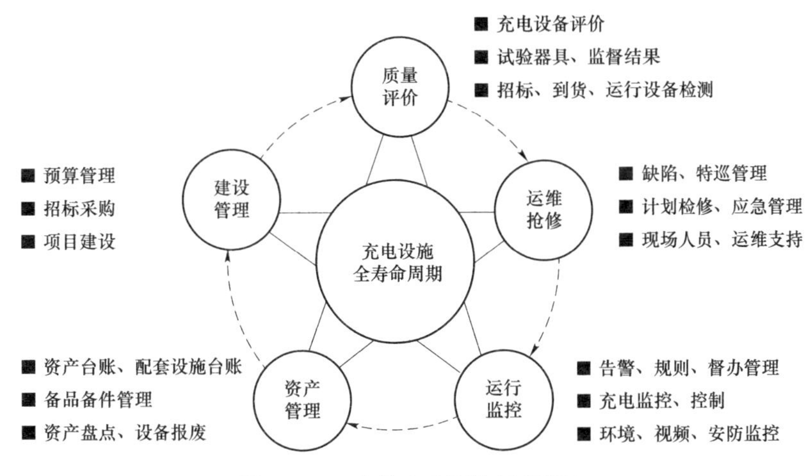

图 5－71 多维充电设施服务平台

（3）智慧“岸电云网”服务平台。

1）核心场景应用。实现全国岸电服务互联互通、信息共享，为港口、船舶提供统一结算、多方式支付、远程监控、智能运维等便捷服务，吸引社会企业岸电设施广泛接入，积极在运营服务平台上拓展电力交易、大数据分析等增值业务，打造以岸电为基础、全产业链的立体化服务生态圈。智慧“岸电云网”

服务平台如图 5-72 所示。

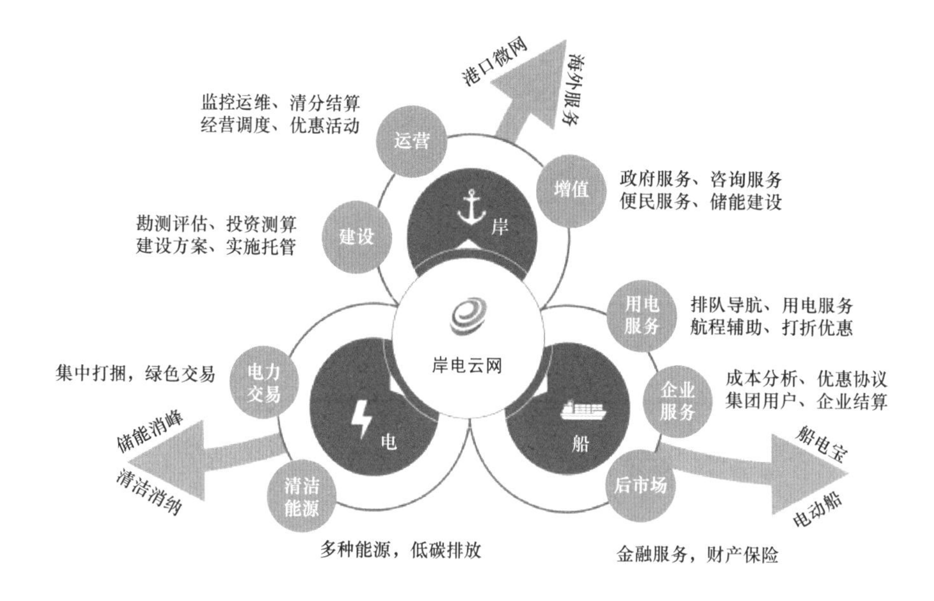

图 5-72 智慧“岸电云网”服务平台

2）价值与效益。实现了岸电服务互联互通与信息共享。减少长江流域大气污染排放，改善生态环境，为长江航运绿色发展提供有力支撑。

（4）“e 精灵”智能充电插座。

1）核心场景应用。在居民小区及其周边停车场广泛布局“e 精灵”智能充电插座，如图 5-73 所示，实现泛在电力物联网布局。通过居民小区集中能

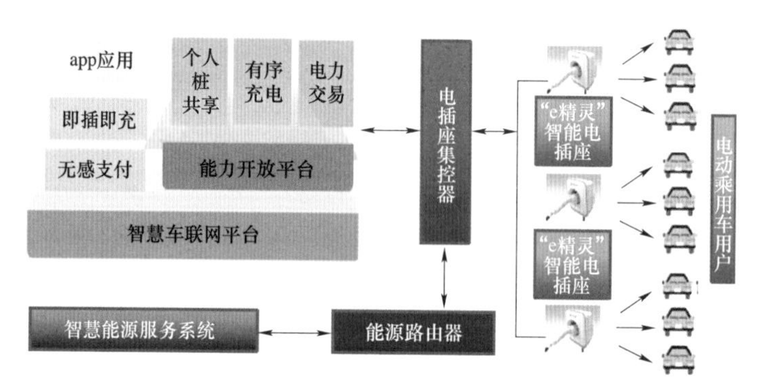

图 5-73 “e 精灵”智能充电插座

源路由器，协调用户参与需求侧响应，实现有序充电等电网交互功能；通过功能强大的智慧车联网平台，为挖掘电动汽车商业价值、打造电动汽车服务产业链提供重要入口。

2）价值与效益。推动个人充电业务数据同源采集，实现业务数据共享与协同处理，提升电网终端侧在线决策能力，全面提升精细化物联管控水平。为各类个人电动汽车充电业务拓展提供智能化与标准化能力支撑，促进泛在电力物联网生态构建，带动充电设备制造企业与业务创新企业规范、快速发展。

（5）“e约车”智慧出行服务平台。

1）核心场景应用。通过聚合车辆、充电及社会运力资源，打造“e约车”智慧出行服务平台，如图5-74所示，提供新能源汽车购、租、用、管一站式服务，构建可视化监控、智能化预警的车辆精准管理体系，涵盖用车全场景、全业务、全过程，全面推动政企单位用车变革和清洁能源替代。坚持“品牌自主、品质服务”原则，实现“一键出行、智能监管”，聚合新能源汽车产业链上下游资源，打造电动出行生态圈。

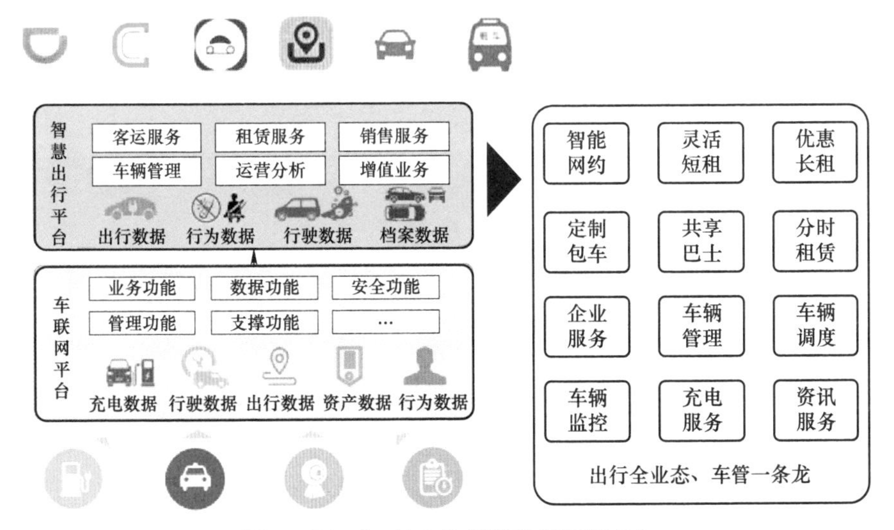

图5-74 “e约车”智慧出行服务平台

2）价值与效益。聚合电动汽车产业上下游资源，以出行服务为场景切入，打造电动出行生态圈，为公司构建泛在电力物联网提供典型应用场景，推动公务、工作、工程用车新能源替代和车辆规范化管理。全面构建人—车—桩—位—网全方位互联互通的电动汽车物联网，搭建绿色共享的“能源+出行”服务体系，助力智慧交通与智慧能源互动发展。

（6）“e 车购”电动汽车新零售平台。

1）核心场景应用。结合大数据、标签识别技术与营业厅线下网络优势，构建“e 车购”电动汽车新零售平台，如图 5-75 所示。打造全流程电动汽车新零售服务产品；以线下体验、线上消费为服务核心，为客户提供更便捷、更轻松、更智能的“物联网+”一站式电动汽车全生命周期服务体验。

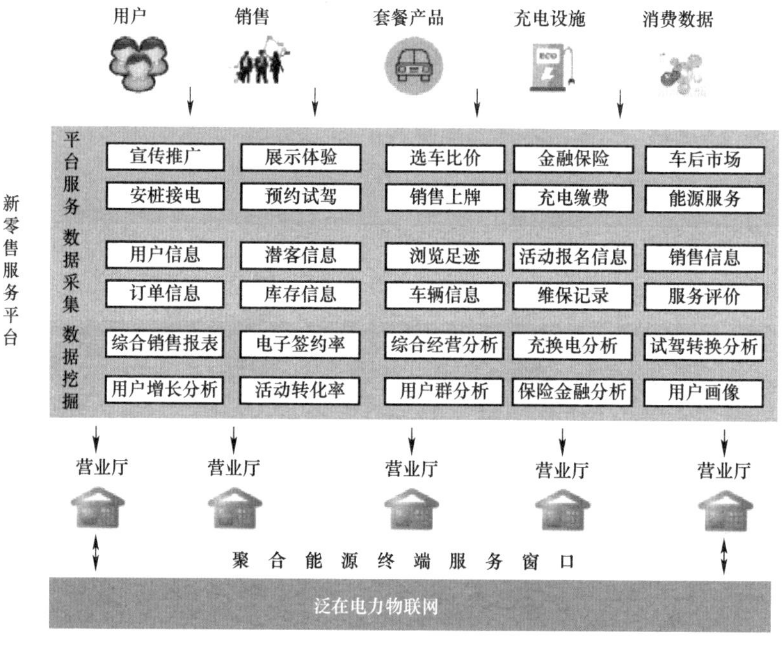

图 5-75 “e 车购”电动汽车新零售平台

2）价值与效益。通过打通车联网平台，使购车用户可直接成为智慧车联网平台用户，扩充用户规模，集聚人才、技术、工具、资金等资源，促进车联网平台生态圈高质量发展。推动公司营业厅转型工作，将营业厅从传统电力业务办理网点逐步拓展为聚合能源终端服务窗口。

（7）车网智能互动（V2G）云平台。

1）核心场景应用。打造、引导和激励电动汽车用户参与电网多元化辅助服务的商业化运营模式，以 V2G 业务进一步挖掘出电动汽车能源属性价值，增强车联网平台用户黏性，提升用户活跃度，提高电网资产利用效率，如图 5-76 所示。

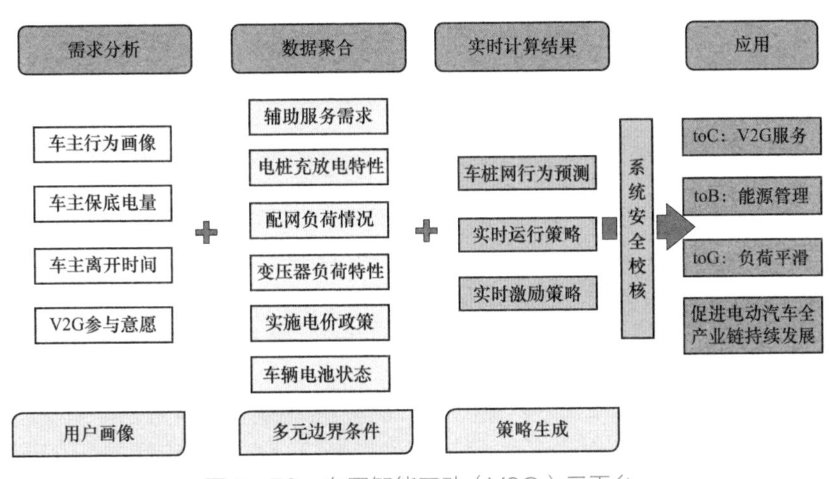

图 5-76 车网智能互动（V2G）云平台

2）价值与效益。V2G 应用点亮了电动汽车的能源附加值，让电动汽车能够在闲置时段参与电力用户的削峰填谷、电网辅助服务和绿电消纳，提升电动汽车与传统燃油车的竞争力，推动电动汽车产业发展。通过引导车主对车辆有序充放电，提高电网运行效率，提升清洁能源消纳水平，促进新能源产业与电力产业的紧密融合，推动国家能源结构低碳化转型。

（8）完善智慧储能云平台。

1）核心场景应用。建设全国统一的线上线下储能报装接入服务，进一步整合客户侧多类型储能资源，深化储能报装接入、运行监控、运营管理、运维检修、信息服务等全生命周期的一站式服务及其他增值服务功能应用，构建"互联网+"客户侧储能生态服务体系，实现客户侧分布式储能统一协调组织和监管、储能资源充分利用、推动盈利模式多元化建设，促进源—网—荷—储多元化能源友好互动。智慧储能云平台如图 5-77 所示。

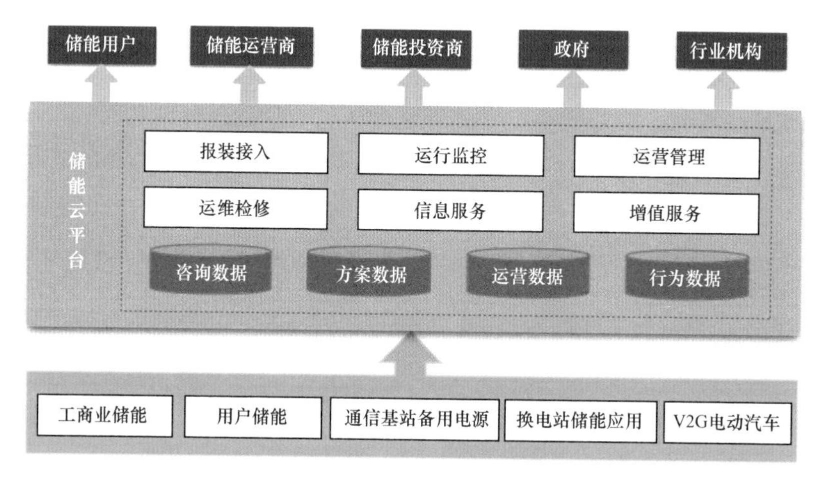

图 5－77　智慧储能云平台

2）价值与效益。通过平台整合储能资源，使客户侧分布式储能实现统一协调组织和监管，储能资源得到充分利用，通过平台实现储能多元化盈利，促进储能产业健康、有序发展。通过提供报装接入、计量结算等业务服务，开展储能实时运行监测，提升储能项目安全性；平台调度储能资源经济运行，增强电网柔性调节能力，减少弃风弃光。

（9）智慧“高速云网”服务平台。

1）核心场景应用。充分利用高速公路服务区、收费站、管理所、路侧等资源，持续建设“光储充”系统。依托智慧高速云网，为高速公路附属设施、沿线 5G 基站、电动汽车提供分布式绿色能源供应、绿电交易等综合服务，开展泛在电力物联网在交通领域的实践，助力绿色智慧交通发展，促进人、车、路、电网深度融合，推动交通网、信息网、能源网“三网合一”。智慧“高速云网”服务平台如图 5－78 所示。

2）价值与效益。开展高速公路智慧能源服务，促进光伏产业、储能产业、充电产业协同发展，实现高速公路分布式绿色能源供应和绿电全覆盖。通过提供分布式绿色能源供应、绿电交易、需求响应、最大需量管理、动态增容、能源托管等服务，提高高速公路绿色能源综合利用率，促进绿色智慧交通发展。

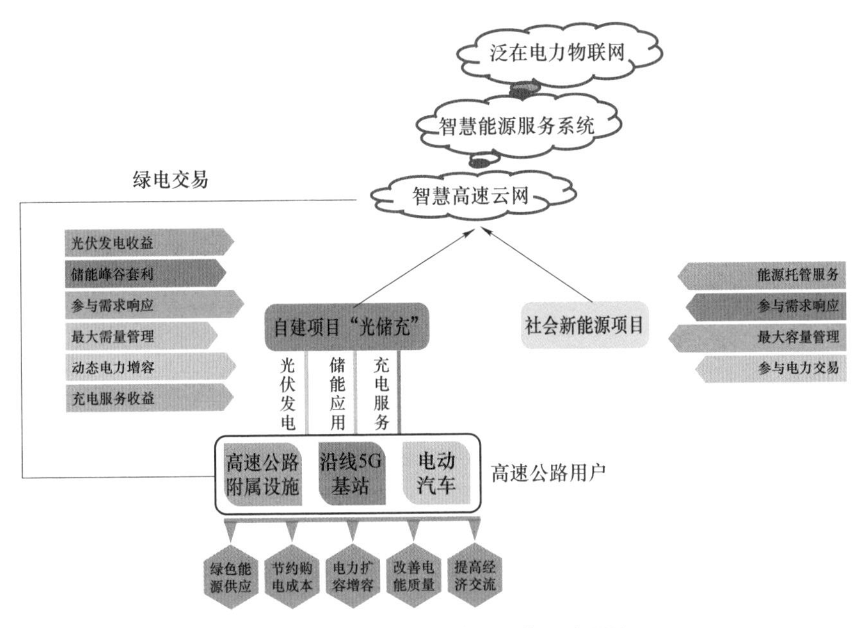

图 5-78 智慧“高速云网”服务平台

（10）充电电量聚合交易平台。

1）核心场景应用。建设基于车联网的绿电交易系统，打通电力交易平台与车联网平台的信息共享融合通道，支撑电动汽车充电桩准入注册、绿电交易和市场结算，实现供应侧、需求侧聚合优化和双向互动。在试点地区实现电动汽车充电桩参与绿色能源交易示范应用，以市场化交易方式消纳新能源。充电电量聚合交易平台如图 5-79 所示。

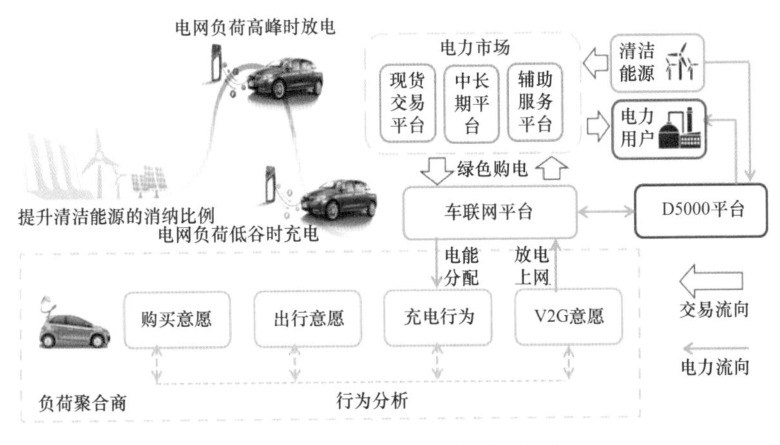

图 5-79 充电电量聚合交易平台

2）价值与效益。借助绿电交易的示范作用，横向上代理其他充电桩运营商和储能设备运营商消纳绿色能源，纵向上挖掘电动汽车生产、销售、使用等全产业链上中下游用电资源，降低用电成本。有效推动电动汽车行业良性发展，实现绿色能源消纳和电能替代。

（三）大数据应用

1. 概述

国家电网公司自2014年开始研发建设企业级大数据平台，并启动了大数据应用试点研究。目前已建成集中式和分布式混合架构的电力大数据平台，并重点推进在输变电智能化、智能配用电、源网荷协调优化、智能调度控制、企业经营管理和信息通信六大领域的大数据应用研究。

电力能源领域的泛在物联化，对源—网—荷—储各环节中多要素广泛接入和融合共享提出了更高要求，需要重塑一种开放共享型的数据分析应用链条。但是电网信息化建设过程中形成的数据壁垒尚未完全打破，优质数据获取困难，且数据分析仍局限于传统统计的思维，未能充分发挥大数据的全信息价值，更不能由量变带来质变。大数据应用在提高电网安全运行水平、效率效益和工作质量等方面的价值尚待进一步挖掘。

2. 主要内容

大数据应用研究是以多源数据融合为基础，采取数据驱动的研究方法。主要包含以下四方面内容：

（1）构建场景、提取用例。依据一定的先验知识，对需要研究的对象或问题进行分析，建立应用场景，分解形成用例，明确所需数据。数据驱动方法通常将研究对象看作一个黑匣子，只需要了解输入数据和输出数据，便可通过一定的数据分析方法开展研究。

（2）收集数据并实现多源数据融合。大数据分析方法强调数据的整体性。大数据是由大量的个体数据组成的一个整体，其中各个数据不是孤立存在，而是有机地结合在一起。如果把整体数据割裂开来，大数据的实际应用价值将会被极大削弱，而将零散的数据加以整理、形成一个整体，通常会释放出巨大的价值。数据融合是大数据研究过程的难点。

（3）数据分析。针对场景和用例，基于融合后的数据进行数据分析，需针对应用场景和用例，选择合适的分析方法。数据分析是大数据研究过程的关键环节。

（4）结果解释。研究结果反映研究对象的内在规律性、相关因素的相互关联性或发展趋势，应对研究结果给予解释，需要时应进行灵敏性分析。

3. 核心场景应用

（1）电网运营和发展。

1）电网发展规划。电网发展规划工作包括负荷预测、可靠性评估、规划方案制订、投资效益分析等内容。由于待规划区域内往往缺少实际运行数据，规划工作需要从大量的历史数据中提取信息作为参照。大数据技术在信息提炼和数据挖掘方面的技术优势能够在负荷和用电量预测、分布式电源和充电设施规划、可靠性分析等方面发挥重要作用。具体应用方向包括负荷预测、负荷建模、电动汽车需求分析、电网可靠性影响因素分析等。

2）电网优化运行。大数据技术可应用在优化电网运行方式、分析运行风险以及发现异常用电等业务中，包括基于 WAMS 的电网运行态势评估、电力调度控制智能告警、配电网风险评估、非技术性线损监测、技术性线损精细化管理等。

3）电网资产管理。在融合设备监测、天气预报、调度运行等多源数据的基础上，对设备状态进行评估和预测，及时消除设备故障隐患。具体应用方向包括输变电设备状态监测与评估、电力设备可靠性评估、大规模储能系统综合管理与分析等。

（2）电力用户服务。电网公司针对用户类型和用电习惯的差异，构建电力用户画像，能够提供定制化服务，优化用户用电行为，提供增值服务，增强与客户的沟通与互动，优化用户体验，提升电网公司服务和运营管理水平。具体应用包括用户用电行为分析、非侵入式用户负荷分解、用户需求响应潜力分析、用户能效评估、客户缴费行为分析、供电服务舆情监测分析、业扩报装辅助分析、故障停电管理与用户互动、电动汽车充电设施运营和交费渠道优化等。电力用户画像应用案例如图 5－80 所示。

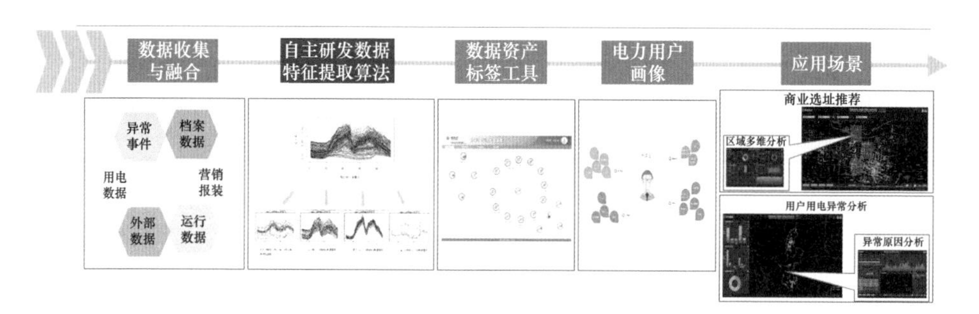

图 5－80　电力用户画像应用案例

（3）社会与政府。

1）政府辅助决策支持。电力与国民经济发展密切相关，电力需求变化能够真实、客观地反映国民经济的发展状况与态势。通过分析地区、行业、企业、居民的用电信息，并与电价、补贴、能耗指标等相关联，有助于政府和社会更好地了解和预测区域和行业发展状况、用能状况以及各种政策措施的执行效果，为政府就产业调整、经济调控等做出合理决策提供依据。用户用电数据、电动汽车充电站充放电数据以及包含新能源和分布式能源在内的发电数据也是政府优化城市规划、发展智慧城市的重要依据。城市电力地图应用案例如图 5－81 所示。

2）电力数据商业价值。电力企业拥有数量最大、范围最广的用户群体。用户用电习惯侧面反映了用户的消费能力，细分居民用电消费特征，可以为商业公司对居民的消费能力预测提供参考；结合区域用电量、电费缴纳、业扩报装等多方面数据，评估商铺投资回报及区域服务能力，为商业投资选址提供辅助决策。另外，对于与电网直接关联的发电企业和电力设备制造企业，设

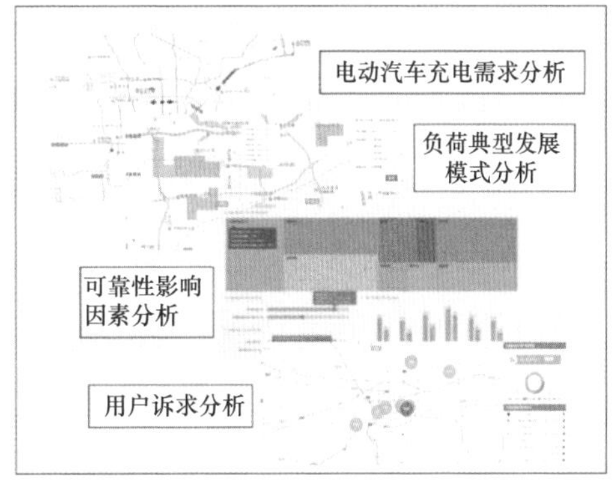

图 5-81 城市电力地图应用案例

备的检测认证数据、运行数据、发电数据、负荷数据等信息将为这些企业的运营发展和产品升级提供强大的支撑。

3）支撑智慧城市和能源互联网建设。智慧城市和能源互联网是未来城市运行和能源供应的发展趋势和目标，现代信息通信、传感、监控等技术的发展和广泛应用，将全面连接智慧城市和能源互联网各个组成部分，为智慧城市和能源互联网的建设提供必要的支撑，而大数据技术将作为智慧大脑，保证智慧城市和能源互联网的高效运行，真正体现其互联互通和智能化。

4. 价值与效益

（1）提高电网接纳新能源的能力。借助大数据技术，分析天气、温度、风速、光照等气象因素与新能源出力的关联关系，可提高新能源发电的预测精度；对用户用电数据和社会经济数据进行多维度关联分析，可实现负荷的精细化预测；可对需求响应资源、储能系统等灵活源进行评估和状态预测，为电网规划和运行决策提供依据。

（2）提高电网安全稳定性和供电可靠性。通过对用电采集系统大数据以及社会经济数据的分析，可更准确地掌握用电负荷分布和变化规律，提高中长期负荷预测准确度。基于电网运行监测数据，识别系统的薄弱环节，及时发现电网中存在的设备过载隐患及系统安全稳定风险，为电网规划提供决策支持。

（3）提高电网运行经济性。利用大数据技术，基于历史运行数据，参考天气、环境等外部数据，对系统设备的运行效率进行多维度精细化分析，探寻提高系统运行效率的措施，提高运行经济性。

（4）提高电网对用户和社会的服务水平。基于用户用电数据和其他外部数据，可对用户用电类型、分布特点等进行多维分析，描绘用户画像，进而设计数据产品。通过用户用电数据与国民经济政策数据的关联分析，还可向政府提供经济发展形势预测、政策评估等服务，扩宽电网公司的业务范围。

第三节　基础支撑应用案例

本节选取信息网络基础设施、国网芯和泛在电力物联网网络学习生态圈为基础支撑方面的典型案例。

一、信息网络基础设施

1. 概述

电力信息网络是泛在电力物联网最重要的基础设施，是支撑能源互联网数字平面的“骨骼”，是国家电网公司除电网外的另一张实体网络，是以电力系统为主要服务对象的专用通信网，是电网调度自动化、电网运营市场化和电网管理信息化的基础，是确保电网安全、稳定、经济运行的重要手段。

信息网络基础设施是指主要采用光纤、无线、微波、载波、卫星等多种技术，将终端设备、传输系统、交换系统等连接起来的通信整体，与坚强智能电网相辅相成、融合发展，共同构成能源流、业务流、数据流“三流合一”的能源互联网。

2. 主要内容

从技术视角看，泛在电力物联网包括感知层、网络层、平台层、应用层 4 个层次，其中感知层和网络层共同构成了电力信息网络基础设施。

感知层是物联网体系架构的最底层，包括采集类部件、智能业务终端、边缘物联代理和本地通信接入，其主要的功能是采集现场信息，经本地处理后及时上传，主要实现电力系统电力生产、输送、消费、管理等各环节信息的采集、处理、控制及交互，实现终端标准化统一接入，通信、计算等资源共享，在源端实现数据融通和边缘智能。感知层设备不仅包括电表、互感器、集中器等，也包括电力二次设备涉及的各类终端、网关设备，还包括温度、湿度、烟雾等非电类感知设备。

网络层通过电力信息通信网络、移动互联网、卫星通信等基础网络设施，对来自感知层的信息进行接入和传输。在物联网系统中网络层接驳感知层和平台层，具有强大的纽带作用。在传输方式上，有线无线共有十几种，有线的包括最常用的光纤、工业以太网、电力载波通信等，无线的包括 ZigBee、LoRa、NB－IoT 和 LTE 等，在泛在物联网中都有可能用到，具体用何种形式的传输方式需要根据两端的通信要求进行选择。

电力信息网络基础设施包括本地通信网、骨干通信网、电力无线专网、电力北斗、电力多荷载一体化卫星等组成部分，示意图如图 5－82 所示。

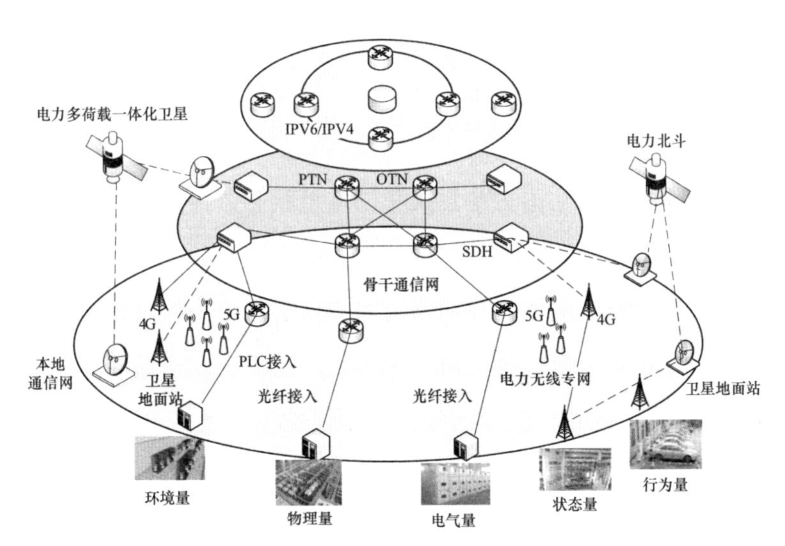

图 5－82　电力信息网络基础设施示意图

（1）本地通信网。本地通信系统由变台集中器、表箱采集器(或采集模块)、智能电表组成，主要负责用户用电信息采集和命令的执行。电力信息网络的本地通信主要通过 RS485、低压电力线载波、微功率无线通信等通信方式和 DL/T 698.45、Q/GDW 1376 等通信协议实现。

RS485 总线通信通信方式包括主从式和总线式两种，用于组建点到多点或者多点到多点的网络，RS485 总线网络凭借组建成本低、可靠性高、分布范围较大等特点, 在智能家居、远程监控、远程控制、远程抄表等领域得到广泛应用。

低压电力线载波通信是利用低压配电网作为传输媒介，实现数据传递和信息交换的通信技术，包括宽带电力线载波通信和窄带电力线载波通信，用于远程抄表系统、路灯远程监控系统、宽带接入和智能化小区等场景，具有占用频带宽、数据传输速率高、数据容量大、双向传输、无需另外铺设通信线路、安装方便等优点。

微功率无线通信技术是指使用 433MHz、470～510MHz、2.4GHz 等频率、发射功率在毫瓦级的无线射频通信技术，微功率通信包括 ZigBee、LoRa 等技术，微功率无线通信用于无线抄表系统，具有运行稳定可靠，抄表成功率高的优点。微功率无线通信通过无线传感器网络（WSN）技术来实现，无线传感网由大量的密集分布的传感器节点组成，每个节点都具有感应、采集和处理数据的能力，可实现任何时间、任何地点、任何人、任何物使用任何设备间进行通信。无线传感在电力信息采集，环境状态监控，输电监测、配网监控等领域广泛应用。

通信协议是指双方实体完成通信或服务所必须遵循的规则和约定，本地通信协议包括营销系统协议和配电系统协议，用于实现信息的传输和资源共享。随着物联网技术的发展，现有的点号通信模式已经不能满足泛在电力物联网的通信需求，因此传统的协议应该向自描述通信模式转变。

（2）骨干通信网。目前，国家电网公司已建成“三纵四横”电力主干通信网络，形成了以光纤通信为主，微波、载波等多种通信方式并存的通信网络格局。电力骨干通信网由四级组成：① 一级通信网由国家电网公司总部至各区域电网公司和直调发电厂、变电站以及各区域电网公司之间的通信系统组成；② 二级通信网由区域电网公司至区域内省电力公司和直调发电厂、变电站以及各省电力公司之间的通信系统组成；③ 三级通信网由省（自治区、直辖市）电力公司至所辖地（市）电力公司和直调发电厂、变电站以及各地（市）电力公司之间的通信系统组成；④ 四级通信网由地（市）电力公司至35kV及以上变电站、所属县供电公司、办公场所等通信系统组成。

骨干通信网按网络类型可划分为传输网、业务网和支撑网。传输网（传送网）包括光缆、光通信系统、微波通信系统、卫星通信系统、载波通信系统等；业务网包括综合数据网、调度交换网、行政交换网、会议电视网、应急指挥通信系统等；支撑网包括时钟（时间）同步网、网管网等。

（3）电力无线专网。电力无线专网因其相对较高的安全性及校对较低的成本，成为泛在电力物联网解决“最后一公里”接入难题的首选方案。泛在电力物联网增加了电力相关设备的接入数，联网电力设备数量和相关信息流量迅猛增长。电力无线专网于2009年开始研发，2017年9月，国网信息通信产业集团有限公司携手华为、中兴等55家单位成立了中国无线电协会电力无线专网产业联盟。目前，电力无线专网前期准备已基本完成，已有11个省市公司已经建设一定规模的LTE电力无线专网。后续电力无线专网建设将全面铺开，2019年至2020年，国家电网公司规划建设基站2500余座，接入终端数十万个，至“十三五”末初步建成有效覆盖全网范围C类及以上供电区域的无线电力专网。

（4）电力北斗。北斗系统在地灾预警、智能巡检等方面已经开展广泛应用，除了主要应用的北斗授时功能外，利用北斗短报文功能开发的北斗抄表设备得到广泛应用，解决了偏远地区、无通信信号覆盖区域的电力数据采集难题。基于北斗卫星导航系统的北斗时间同步装置、北斗指挥机、北斗手持机、北斗伴侣、数传终端、配电终端、塔形监测装置、用电信息采集终端、北斗车载终端和智慧单兵系统等多种硬件产品，形成了较为完整的北斗产品体系，北斗系统在电力行业应用越来越广泛。

（5）电力多荷载一体化卫星。目前，卫星通信及遥感数据主要依赖于社会通用卫星，存在实时性低、使用成本昂贵、调度困难、资源有限、电力需求契合度不足等关键制约。因此，结合能源互联网时空分布特征，发射具有电网特色的电力多载荷一体化卫星，是建设电力“定位—导航—时间—遥感—通信”的核心基础，支撑电网防灾减灾、输电线路巡视、电力气象预报和应急通信等各业务应用方向，实现能源互联网状态实时监测，面向公司全球范围内能源互联网业务需求提供可靠、一流的通信服务，为能源互联网和泛在电力物联网持续发展提供可靠的数据来源和系统支撑。

3. 核心场景应用

信息通信基础设施承载了电力控制保护、调度配电自动化、分布式能源、电动汽车接入、用电信息采集、移动作业、应急卫星通信等业务，能够为能源互联互通、高效资源匹配等提供智能可靠通信服务，如图 5－83 所示。

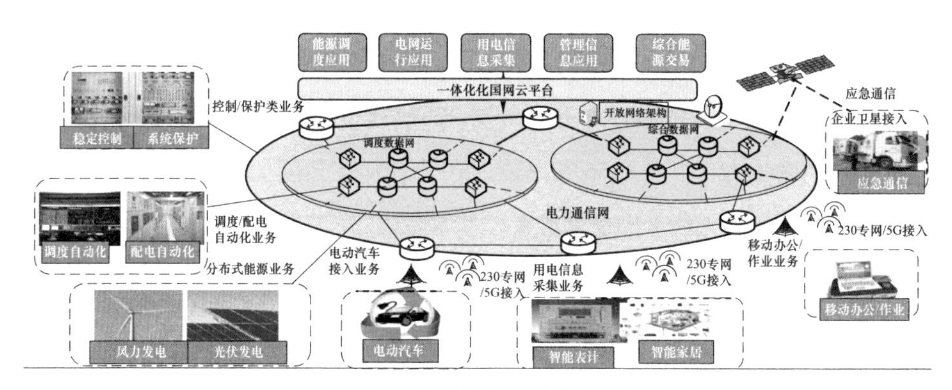

图 5－83　信息网络基础设施核心场景应用

建成电网用卫星星座，构建电网工程立体化、智能化感知网络，实现设备运行环境与状态的全面、高效感知，全面应用新一代材料实现高可靠智能化输电线路建设，全面实现重大自然灾害条件下电网的安全稳定运行。

4. 价值与效益

随着电力信息网络基础设施的资产规模、应用规模的急剧增长，电力信息网络基础设施在电力生产、管理、经营和服务等各个环节都发挥着积极的作用，为“三型两网”建设提供了坚强支撑。其价值与效益体现在：

（1）为国家智能电网的发展提供信息网络支撑。

（2）推动国家电网“三型两网”战略的实施。

（3）推动了电网管理水平提高。

（4）提高了发电生产管理信息化水平。

（5）支撑了电力规划设计实现数字化，达到国际先进水平。

（6）为提高电力行业服务水平提供了支撑。

二、国网芯

1. 概述

泛在电力物联网在终端侧将会有海量终端接入和多样参数采集，在通信侧将会产生有线、无线、短距离、长距离等多模式通信需求，同时数据信息安全加密、传输和处理等需求也必将海量爆发，因此，必然需要多种传感采集、射频识别、通信接入、高等级信息安全防护以及具备高速边缘存储、计算等能力的芯片。

与此同时，泛在电力物联网节点数量巨大，连接方式灵活多变，要根据具体应用场景对芯片需求进行准确定义，把通用芯片进行定制化集成，大幅降低建设成本；同时，芯片作为泛在电力物联网最末端、最核心的单元，应用环境较恶劣，需经历极寒、极热、高湿、高盐雾、强电磁干扰等环境的严

酷考验，因此需采用工业级高可靠性、具有较高信息安全防护能力的芯片，并确保芯片的安全自主可控。

2. 主要内容

目前“国网芯”产品中的安全、射频识别、通信、传感、主控、计量、存储共 7 类芯片可以重点应用于用电信息采集与计量、配电自动化与电网设备管理、电力无线专网与调度通信设备管理、输变电工程建设、信息安全、后勤管理等业务方向。

（1）已规模应用的芯片。在用电信息采集与计量等营销业务方面，依托智能电能表推广、用电信息采集系统建设、营销关键基础设施信息安全改造、计量防窃电技术改造、电动汽车充电桩建设等项目，主要应用安全类芯片、射频识别类芯片、通信类芯片、传感类芯片。

在配电自动化与电网设备管理等运检业务方面，依托配电系统自动化建设、电网资产统一身份编码建设、配电电缆及通道数字化电子标识等项目，主要应用安全类芯片、射频识别类芯片、传感类芯片、主控类芯片。

在电力无线专网与调度通信设备管理等调度通信业务方面，依托电力无线专网扩大试点建设、信息通信资产统一身份编码建设等项目，主要应用通信类芯片、射频识别类芯片。

在输变电工程建设等基建业务方面，依托新开工输变电工程基建项目，主要应用安全类芯片、射频识别类芯片。

在信息安全等信通业务方面，主要应用安全类芯片。

在国家电网公司相关产业单位自主应用方面，在自主生产的配用电设备等方面，主要应用主控、通信、计量、存储等可替代芯片。

（2）试点应用的芯片。在用电信息采集与计量等营销业务方面，主要实现 B 型漏保芯片、单相电能表主控芯片、低压岸电主控芯片、反窃电相关装置、主控芯片、磁传感芯片共 6 款产品的试验验证。

在配电自动化与电网设备管理等运检业务方面，主要实现输电线路电子标签、智能间隔棒、智能螺栓、新型温湿度监测传感器的试点应用。

在通信运维等调度通信业务方面，主要实现配线网络智能管理标签的试点应用。

在输变电工程建设等基建业务方面，主要实现施工材料电子标签、通用封印电子标签、电子围栏监测系统、倾角传感器、拉力传感器、沉降监测传感器、智能地脚螺栓、安全帽定位模块、电子围栏等产品的试点应用。

在信息安全等信通业务方面，主要实现加密板卡、可信安全芯片产品的试点应用。

在员工身份识别等后勤业务方面，主要实现国家电网公司员工一卡通的试点应用。

3. 核心场景应用

（1）RFID 应用。无线射频识别（RFID）是一种通信技术，可通过无线电信号识别特定目标并读写相关数据，而无需识别系统与特定目标之间建立机械或光学接触。

RFID 标签全面支撑国家电网公司电网设备统一身份编码建设，实现电网资产全寿命周期内的信息溯源和共享，深入开展资产全寿命周期管理大数据分析，全面支撑智慧供应链、工程档案电子化移交、移动运检和资产智能盘点等业务应用，全面提升公司资产管理智能辅助决策水平。

利用 RFID 技术，对实物建立唯一标识，结合移动智能终端实现互联，通过实物 ID、项目号、WBS 号、物料号、设备号、调度号、资产号七码联动模型和转换规则设计，整合实物流、价值流、信息流，实现流程全链条贯通、信息全维度收集、实物全过程追踪、数据全方位共享，满足资产全寿命全信息管理要求。

智能电表标签、互感器标签、继保设备标签、实物 ID 标签、信通资产标签等射频识别类产品应用已实现 27 个网省公司全覆盖，实现了电网资产全生命周期管理。高安全低频电子标识器与超高频标签在江苏、宁夏、陕西等 19 个网省公司实现规模应用，为电力电缆通道规划、建设和管理步入规范化、智能化、科学化的轨道提供支撑。

（2）无线无源智能温度传感实时在线监测。泛在电力物联网建设核心内容之一就是要实现电网设备的状态全面感知，而温度是电网设备运行的关键参数。电网输配电接点温度数据既能表征用电情况，又能预警过热情况的发生，防止火灾或者停电事故。前端智能温度传感在线监测可以实时提供重要的接点温度数据以用于泛在电力物联网大数据信息分析。

智能温度传感实时在线监测，能够实时在线监测电网接点（如变压器箱体和接头、开关柜接头、电缆接头等位置）的温度，并能实时上传至物联网智能平台，经过数据处理和分析，由智能平台做出应对措施。

无线无源声表面波温度传感，采用声表面波传感技术设计，当传感器的压电芯片周围环境温度发生变化时，会引起传感器相位和谐振频率的变化，通过这些变化量可以测量出温度；同时声表面波传感器可以通过无线电磁波激发工作，无线供电，保证高温高压接点上无线无源安全监测。

测温无线无源传感系统实现采集中继对传感器进行无线信号采集和温度解耦，由采集中继将温度数据上传至智能终端平台，开展温度数据分析和应用。应用范围包括柱上变压器、箱式变压器、手车开关柜和变电站主变压器等。

1）柱上变压器和箱式变压器。柱上变压器测温如图 5－84 所示，箱式变压器测温如图 5－85 所示。

图 5－84　柱上变压器测温

图 5-85 箱式变压器测温

2）手车开关柜。手车开关柜测温如图 5-86 所示。

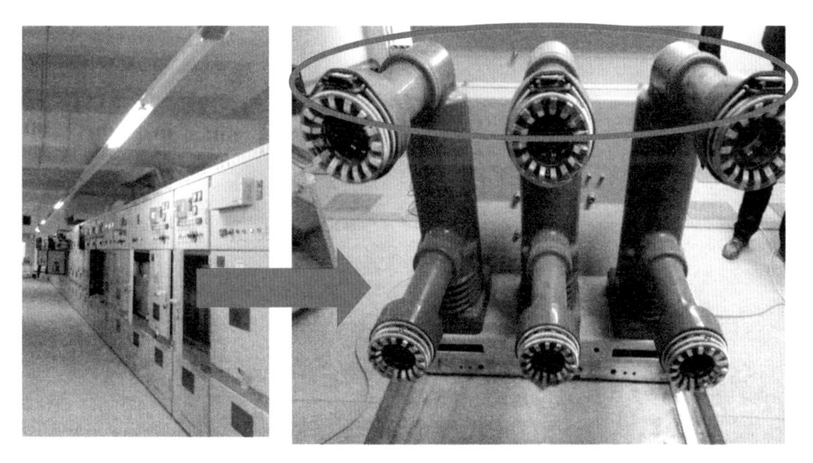

图 5-86 手车开关柜测温

3）变电站主变压器。变电站主变压器测温如图 5-87 所示。

（3）嵌入式安全控制模块。嵌入式安全控制模块（ESAM）被广泛应用于各种嵌入式终端，实现数据的安全存储、数据的加解密、终端身份的识别与认证、嵌入式软件的版权保护、DRM 数字版权的管理等功能。

1）用电信息采集系统。在用电信息采集系统中，主站侧部署主站密码机，专变采集终端和集中器内集成终端用 ESAM 芯片，费控智能电能表内部集成电能表用 ESAM 芯片。在数据产生的源端进行加密，密文数据传输

图 5-87　变电站主变压器测温

到主站端，由密码机进行解密，保证数据上传环节的传输、处理安全；在主站侧，密码机对电价、电费等数据进行加密，通过密文下发至智能电表或设备中，由设备内嵌的 ESAM 进行解密，保证数据下传环节的传输、处理安全，从而对用电信息及交互形成闭环式的安全防护体系。

2）配电自动化。在配电主站环节部署密码机，在各类终端中嵌入 ESAM 模块，覆盖配电信息采集、传输、主站环节，形成闭环应用与管理。

（4）高速载波通信 HPLC。高速载波通信 HPLC 是将模拟前端、基带调制解调、数字信号处理、CPU 内核及丰富的功能外设集于一体，提供物理层、介质访问控制层、适配层、网络层、应用层等完整的电力线通信解决方案。

高速载波产品包括单/三相表通信单元、集中器通信单、Ⅱ型采集器、双模单/三相通信单元、双模Ⅱ型采集器，这些产品符合国家电网《低压电力线宽带载波通信技术规范》，可用于智能家居、工业控制、用电管理、防盗预警等多个领域。

HPLC 通信技术目前主要应用于用电信息采集系统中，也可应用于配网自动化、多表采集、智能家居管理、智能楼宇通信、城市照明控制管理、电动汽车充电桩、工业监控等领域。

1）应用于用电信息采集系统。利用电力线作为数据通信载体，免布线、低成本地实现用电信息自动采集、计量异常监测、电能质量监测、用电分析和管理，相关信息发布、分布式能源监控、智能用电设备的信息交互等功能。

2）基于载波信号强度的无扰技术台区识别。宽带载波属于高频信号，相对窄带载波来说更容易通过共高压、共零线、空间耦合等方式串扰到相邻台区。通常相邻台区串扰过来的信号强度比本网络弱，利用这一特征，可优先进行台区归属识别。通过对大数据量、信道参数的统计分析，提高台区识别的准确率。

4. 价值与效益

（1）RFID 应用。提高设备本质安全。引入全寿命周期成本、供应商绩效综合评价，全过程严把设备入口关、检测关，提升设备质量，提高电网可靠性。

提升业务运作效能。通过实物“ID”自动获取设备参数及安装调试信息，改变手工抄录方式，110kV 及以上变电站台账创建时间平均节约 16.6h；物资收发货效率提高一倍以上，变电站设备核查平均节约 2 天。

（2）无线无源智能温度传感实时在线监测。无线无源智能温度传感实时在线监测改变了高压测温难的现状，并能够耐受 150℃以上极限高温，从而可以确保事故前警告，事故中继续监测能力，保证高压设备安全运行，降低事故发生概率；同时，温度数据可以表征区域用电情况，从而可以作为提高用电效率的辅助参数使用。无线无源智能温度传感实时在线监测为电网实施设备的全寿命周期管理提供了有效的科学管理手段，其作为前端传感数据采集单元，将成为泛在电力物联网中的重要组成部分。

（3）嵌入式安全控制模块。为电力用户和电力企业守护“钱袋子”，通过专有信息系统、采集与传输过程中纵向加密的方式构建安全防护体系，既设置了安防的“大门”，又设置了“楼层、房间”钥匙，并通过 5min 时间戳，杜绝了暴力破解，通过管理、技术、工程应用相结合的方式，为配电、用电环节构筑了绝对安全的防护体系，保护了电力用户、电力企业的利益。

（4）高速载波通信 HPLC。HPLC 产品强有力地支撑了营销采集业务，数据采集频率更高，组网更快，台区识别更准确，可显示网络拓扑信息，确认户变关系，并支持停电事件主动上报功能，提高了停电事件处理效率，支持远程全网升级，提升智能化运维水平。

三、泛在电力物联网网络学习生态圈

1. 概述

为实现智慧化管理、智慧化学习、智能化服务、智能化经营，国网技术学院提出打造“线上线下全维度培训互联、以评促培全要素培训互联、员工全职业周期培训互联、公司全产业链培训互联、国内国际全地域培训互联”的“五全互联”国家电网公司智慧学习生态圈，其可以分为线上和线下两个范畴，网络学习生态圈是重要的组成部分。

网络学习生态圈如图 5－88 所示，是由网络学习共同体及其相应学习环境构成的网络学习实体，为学习者和助学者提供沟通交流、协作学习的学习环境。生态圈内各要素之间相互影响、相互适应、协调发展。

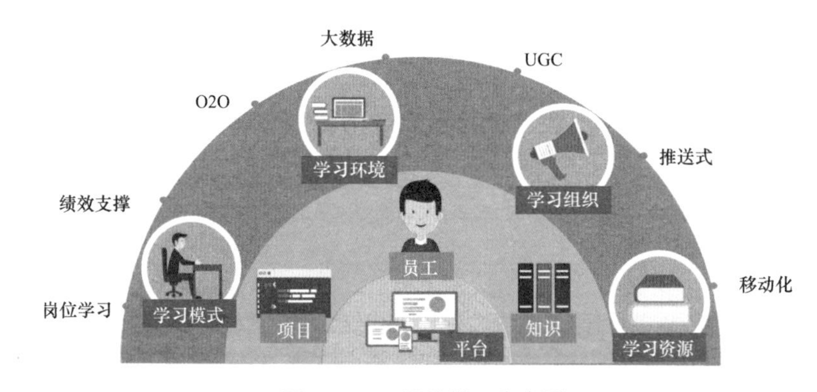

图 5－88　网络学习生态圈

2. 主要内容

国家电网公司网络大学于 2014 年建成上线，可支持 200 万注册用户、10

万同时在线用户、1 万并发用户，实现“一套平台，三全覆盖，六大模块”，即基于国家电网公司 SG-UAP 平台，覆盖国家电网公司系统全部专业、全部岗位、全部人员，包括培训管理、学习提升、在线考试、知识管理、人才发展、统计分析六大模块。

网络大学建有 14 个专业学院和 62 家省直分院，上线课件 2 万余门、教材 1600 余册、案例 3700 余个、规范 58 个、题库 59 万余道、词条 9000 余个，平台注册兼职培训师 24298 名、各级专家 57368 名。截至 2019 年 4 月，累计登录 1.2 亿人次、实施培训考试项目 4.7 万个、完成学习 1.05 亿人次、完成考试 1200 万人次、完成网络培训 9200 万学时。

联合国教科文组织对教育信息化发展阶段如图 5-89 所示，依据图 5-89 的界定，我国教育信息化工作正处于“初步应用整合”阶段。作为国家电网公司教育信息化的基础平台，网络大学建设与应用水平与我国教育信息化所处阶段相当。

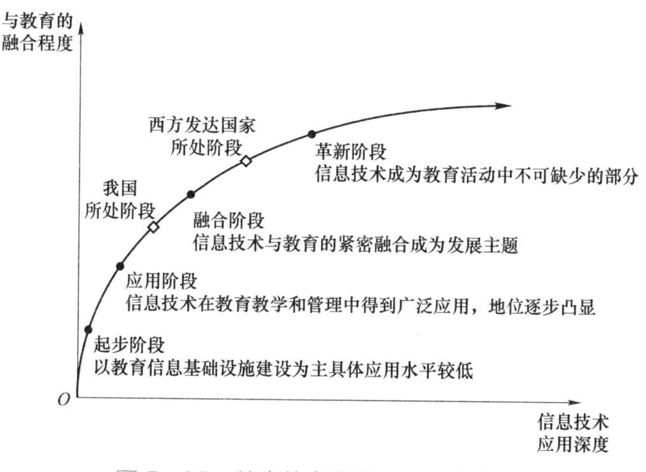

图 5-89 教育信息化发展的 4 个阶段

与“三型两网、世界一流”的战略目标相比，国家电网公司网络大学建设与运营仍存在不足，主要体现在资源建设、平台运营、用户管理服务和考核激励四个方面。

资源建设：知识资源来源单一，开发积极性不高，优质知识资源共创共享激励机制与更新迭代机制需进一步完善；行业壁垒凸显，未引入行业外优质知识资源，未建立共享激励机制。

平台运营：尚未实现线上线下培训业务流程线上闭环统一管理；网络大学与各单位自建学习系统、人才评价等系统数据未贯通，数据在运营效率效益、知识质量等方面价值发挥不充分；平台部署于内网，功能迭代周期长，移动端应用通过“i 国网”链接，用户体验差；未建立对外学习服务平台。

用户管理与服务：用户的分级分类机制应用不足；用户知识生产的支持机制不足。知识共享的社交关系网应用不足；实现由“提供用户需要的知识”向“解决用户的问题”的转变的大数据应用少。未尝试外部用户的管理机制；未形成对外的体系化发展态势，缺乏市场化管理模式和互联网思维，客户感知能力不足，难以快速响应客户需求变化。

考核激励：学习积分规则设计待改进；对分享、互动、生产、消费的激励不足；未建立平台付费机制与渠道。社会资源整合能力不强，对外开放共享合作不充分，产业链带动作用不明显。

依托国家电网公司网络大学平台，构建泛在电力物联网网络学习生态圈如图 5－90 所示，创设可持续发展的网络学习生态，每个人（组织）基于学习环境，实现知识生产、知识传授、学习引导、智慧学习等角色循环转换。充分应用“大云物移智链”等新技术，实现内外部学习资源与人员

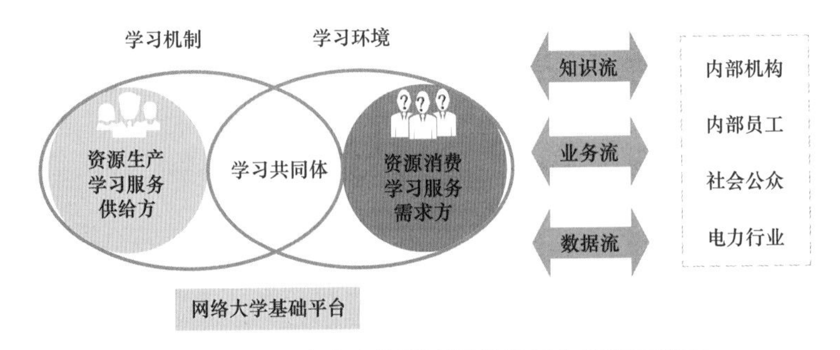

图 5－90　泛在电力物联网网络学习生态圈示意图

无缝连接，激发“立德树人”强大文化动力和“企业发展”强劲人才动力，为国家电网公司“三型两网、世界一流”能源互联网企业建设提供坚强人才支撑与保障。

3. 核心场景应用

网络学习生态圈的核心场景，在于打造终身学习服务中心、学习资源共享中心、能力评价支持中心和大数据分析中心“四个中心”。

（1）终身学习服务中心。实现员工职前职后发展数据一次录入采集、共享共用，线上线下教育培训业务线上统一闭环管理，构建涵盖职业生涯规划、岗位能力提升的职业能力发展管理平台。建设客服中心，提升用户服务能力。开发建设外网平台和移动端平台，扩展平台业务对象，面向电力行业、职业院校、社会公众提供在线学习服务，建成适应各层级各业务场景，推动知识创新的社会服务平台。

（2）学习资源共享中心。实现各层级间知识资源、师资资源、学习资源、实训资源贯通，开展知识审计，更新迭代存量资源；引进外部优质资源，输出内部精品资源；完善优化运作机制和平台内容贡献激励机制；建立融媒体中心，提供知识开发“中央厨房”；打造建成满足国家电网公司全部专业、岗位、人员需求的优质培训资源汇集与共享的知识服务交易枢纽平台。

（3）能力评价支持中心。实现水平评价类、准入评价类项目全程在线管控，支撑技能等级评价、带电作业资质认证工作开展；编制推广培训师信息化教学应用指南，开展管理员认证培训；引入通用测评工具，开发专业能力测评标准与题库，开展培训机构、培训学习过程以及员工个人的评价业务，支撑以能力模型为导向的人才选拔培养体系运作。

（4）大数据分析中心。实现专业学院、省直分院内网业务平台数据贯通，打造培训教育数据平台。整合国家电网公司各级培训机构数据，汇总分析线上线下数据，通过分析人员学习情况、在线资源应用情况、设备设施利用情况等信息，挖掘数据价值，实现针对员工的个性化智能推送、能力发展预测、岗位胜任预警，面向各级人力资源部门提供决策辅助，提升培训教育大数据精细化运营水平。

4. 应用价值

网络学习生态圈的应用价值，重在知识流、业务流、数据流合而为一。

（1）知识流。网络学习生态圈中，每个人既是知识的生产者，也是知识的消费者。从企业和员工两个方面入手，搭建知识运营体系，将分布在企业每个节点上的知识资产盘活，汇聚内外部优质学习资源，实现知识可治式的生产、传递、交换、聚合、增值和创新。

（2）业务流。网络学习生态圈中，以网络大学基础平台为网络学习业务提供整体支撑，按照国家电网公司业务发展对人才培养的要求，以业务需求为依托规划学习项目，以项目为载体开展学习运营，提供学习服务，呈现学习价值。

（3）数据流。网络学习生态圈中，全面采集各种学习数据，为教育培训决策提供数据支持，实现针对员工的个性化学习资源智能推送，推进课程、教师、学校等对学习活动有重大影响内容的评价，提升教与学的有效性。

第六章 

展　望

2019年国家电网公司两会上，国家电网公司党组以改革的视角、创新的思维、开阔的视野，创造性地提出了“三型两网、世界一流”的战略目标，系统阐明了“一个引领、三个变革”的战略路径，明确了未来三年建设世界一流能源互联网企业、做强做优做大的具体内涵，将对全社会、对全行业、对全产业链和对国家电网公司本身产生巨大而积极的推进作用，有利于国家电网公司履行“三大责任”，有利于推动能源行业的转型升级，有利于实现跨行业的开放合作共享，也有利于公司高质量发展。

未来国家电网公司将通过两网融合，实现电网的数字化、网络化和智能化。把电网打造成源—网—荷—储全程在线、设备和装置全程在线、产业与生态全程在线的平等互联共享的平台，使电网成为能源输送和转换的枢纽，社会经济和民众需求的共享平台。电网从传统的工业系统向平台型转化，支撑供给侧和消费侧的联动，高效连接新能源、各类储能、电动汽车、电能替代、能效互动等元素和服务，开放共享并高效地实现供需匹配。

“三型两网、世界一流”战略的实施，将对经济社会生态发挥明显的驱动和带动作用，并带来十个方面的促进与提升，即驱动能源变革、驱动电网和国家电网公司高质量发展、促进社会能效提升、提高民众参与度和获得感、带动社会转型发展、带动新技术创新发展、促进工业互联网行业落地、为经济发展提供新动能、带来产业生态驱动效应、推动生态环境绿色发展。

“三型两网、世界一流”战略目标的提出，积极顺应当代世界经济发展和能源革命的大潮流、大趋势，深刻体现国家电网公司现实基础和新的历史方位。在全社会经济转型的关键期，国家电网公司将发挥大电网和基础设施优势，建设“三型两网”能源互联网，实现大平台、大连接、大驱动，努力实现技术先进、世界一流的能源互联网企业，作为龙头带动相关产业，引领工业企业变革，驱动经济和生态发展，为决胜全面建成小康社会、建设社会主义现代化强国作出新的更大贡献。

参　考　文　献

［1］王继业. 大数据在电网企业的应用. 中国电力企业管理，2015，（9）.

［2］沈苏彬，杨震. 工业互联网概念和模型分析[J]. 南京邮电大学学报（自然科学版），2015，35（5）：1－10.

［3］中国能源研究会. 中国能源展望 2030[M]. 北京：经济管理出版社，2016.

［4］康重庆，姚良忠. 高比例可再生能源电力系统的关键科学问题与理论研究框架[J]. 电力系统自动化，41（9），2–11.

［5］郭朝晖. 工业大数据概念、意义与落地实施[J]. 自动化仪表，40（3），7–11.

［6］孙其博，刘杰，黎彝，等. 物联网：概念、架构与关键技术研究综述[J]. 北京邮电大学学报，2010，33（03）：1–9.

［7］朱洪波，杨龙祥，于全. 物联网的技术思想与应用策略研究[J]. 通信学报，2010，31（11）：2–9.

［8］延建林，孔德婧. 解析“工业互联网”与“工业 4.0”及其对中国制造业发展的启示[J]. 中国工程科学，2015，17（07）：141–144.

［9］李培楠，万劲波. 工业互联网发展与“两化”深度融合[J]. 中国科学院院刊，2014，29（02）：215–222.

［10］杨帅. 工业 4.0 与工业互联网：比较、启示与应对策略[J]. 当代财经，2015，（08）：99–107.

［11］余晓辉. 工业互联网与我国的机遇[J]. 经济研究参考，2016，（13）：42–43.